大展好書　好書大展
品嘗好書　冠群可期

大展好書　好書大展
品嘗好書　冠群可期

健康加油站23

荷爾蒙與健康

劉淑玉 編著

大展出版社有限公司

前　言

荷爾蒙——只要是關心自己的健康、美容的人，應該無數次地聽過這個語詞。

但若有人對「荷爾蒙均衡」所指是什麼感到陌生，不妨到書店的健康或美容叢書中隨意翻閱一本。從中一定可以看見「荷爾蒙」或「荷爾蒙均衡」的語詞。因為談論身體健康或美容保養都不可忽視荷爾蒙均衡。

各位為了維護健康而從事競技運動時，提高精力來源的血糖或流汗後感到口渴的現象，都是荷爾蒙的作用。同時，我們將食物化成血、肉積蓄在體內，也是因荷爾蒙的功能所賜，在現今競爭激烈的社會，人體足以和各種外在的壓力對抗，也是因荷爾蒙能適當分泌的緣故。

所以，荷爾蒙失去均衡會造成糖尿病、高血壓、心臟病、癌症等各種成人病的原因，也會導致老化或早死。

荷爾蒙所支配的並不只是人體的健康或美容。甚至我們的行動或感情都是由存在於腦中多數的荷爾蒙機能所支配，這一點已漸漸獲得證實。荷爾蒙研究的顯著進步成果，使得人們漸漸瞭解各種疾病是因荷爾蒙機能或荷爾蒙失調所造成。

存在於血液中的荷爾蒙微乎其微，因而無法以數值表示，但隨著測定法的改良，已漸漸能確實掌握荷爾蒙微妙的動態。只要採少量血液，短時間內即可輕易地明白荷爾蒙是否失調。

本文對於荷爾蒙的機能將做詳細說明，但事實上各位在平日的生活中也可以自我維持、改善荷爾蒙均衡。

但很可惜的是，時下一般人對荷爾蒙均衡的問題並不關心。從「維他命健康療法」之類的風潮看來，多數人都致力於利用外在力量維持健康，相對地卻疏忽努力從內在建立強壯、年輕的體魄。

也許是目前一股健康潮流的鼓動下，無以數計的健康法陸續登場。但荷爾蒙若失去均衡，任何健康法也無法達到預期的效果，甚至可能混亂荷爾蒙的均衡而危害健康。

同樣地，女性若想永保青春美麗，最大的前題是荷爾蒙均衡。

筆者誠心地將本書贈送給認真地重視自己的身體健康，渴望百病不侵的人及隨時想抓住青春與美麗的女性。

目錄

第二章　左右美容與生理的荷爾蒙均衡

第三章　使身心健康的荷爾蒙均衡

第四章　創造不老與活力的荷爾蒙均衡

第一章

年輕、美麗、健康的泉源

(1) 神奇的荷爾蒙機能

外表、容貌的差異從何而生？

各位是否曾經有過這樣的疑問？

假設你的周遭有兩個年紀相若的朋友。其中一人顯得老態龍鍾，給人的印象也消沉黯淡，而另一人卻顯得青春有勁，年齡也看似小五、六歲——。這個差別難道只是因體質或境遇的不同嗎？

您應該有過一、兩次對自己或他人產生這樣的疑問吧。事實上，無法具體說明的外表或印象的差異，確有其形成的原因。

我們以頭髮為例，有些人頭髮茂密而顯得蓬鬆，但有人卻因年少禿頭而煩惱不已。或者有不少人因一頭「少年白髮」而煩憂。這些差異委實令人無法相信是屬於同一年代的人。

而女性最引人注意的是黑斑、皺紋。黑斑或皺紋的有無或多寡，可以使人看起來年輕五、六歲或比實際年齡老了十歲左右，這些已是眾所周知的事實。

造成這類差異的最大原因乃在於荷爾蒙均衡。如果荷爾蒙能均衡地分泌，不僅不會禿頭，也不會在二十、三十歲的青春時期為顯著的黑班、皺紋煩惱，甚至誠如第二章所說明的，直到四十、五十歲也能擁有美麗的肌膚。

荷爾蒙失調已非人

不僅是外表、容貌的問題，我們的日常生活在各個方面都是由荷爾蒙均衡所支配。譬如，感覺口渴而飲水或啤酒喝多就想上廁所，完全是荷爾蒙機能所致。

享受高爾夫球或網球等的運動樂趣，也必須有必要的熱能輸送到血液的荷爾蒙，而食物為人體吸收成血、肉、骨骼，同樣的是因荷爾蒙均衡分泌的結果。

當然，使性生活圓滿，達到潤滑劑效果的也是荷爾蒙。男性的睪丸為了製造精子，必須有性腺刺激荷爾蒙或男性荷爾蒙等。

女性的胸部被愛撫時會感到興奮，也是因愛撫的動作促使子宮分泌荷爾蒙（Oxytocin），使得子宮收縮的緣故。

回顧我們成長的過程，從母親的卵子和父親的精子受精後，受精平安地在子宮著床這個「生命」的起源，也是因父母的性荷爾蒙均衡分泌才得以達成。

而在母胎內能夠持續生命從而在這世上誕生，也是因維持妊娠狀態、產生鎮痛等荷爾蒙機能所賜。

從三千公克左右的小生命，慢慢地發育成長到五十公斤、六十公斤的成人，使得男嬰茁壯為男性的體魄，女娃發育為女性的軀體，全都是荷爾蒙均衡分泌的結果。

以上粗淺地列舉荷爾蒙機能的一部份，大家必然明白荷爾蒙均衡對我們的生活有多麼的重要。

當荷爾蒙失調、分泌不順暢時，我們將失去年輕，健康受到危害，甚至無法生育子孫，延續生命，荷爾蒙在我們的體內的確有其神秘的功能。

對於標題所提的問題：「外表、容貌的差異從何而生？」荷爾蒙均衡已給我們完整而清楚的解答。

本書將詳細地說明對人體如此重要的荷爾蒙有何機能？如何維持才能使我們的人生更光輝燦爛等。

不良少年的產生也是荷爾蒙失調所致

「荷爾蒙均衡」經常出現在報章雜誌的健康欄內，你一定聽過這個語詞。如：「慢性的身體倦怠、疲勞感的原因多半是因荷爾蒙失調所造成。」

「有些人吃再多也不發胖，有些人食物入肚立即變成皮下脂肪，即發胖。這些差異一般人都認定是體質所致，而疏忽了荷爾蒙均衡所造成的影響。」

「現役年輕運動選手因荷爾蒙失調而猝死。」

「激烈運動會使荷爾蒙失調而失去女人味。譬如，常見女性長跑選手因荷爾蒙失調而造成無月經症或月經過少症。」

「為了預防流產而輕易使用荷爾蒙，有可能生下半陰陽的男孩。」

「從少年感化院不良少年的身體檢查結果發現，有多數人性腺荷爾蒙或甲狀腺荷爾蒙失調。」

「肥胖的女性容易罹患乳癌。」

「人工甘味料會對腦下垂體荷爾蒙造成不良影響。」

從前提起荷爾蒙，一般人都誤解是性特效藥，而把荷爾蒙失調也當做是生理不順的問題，直到目前荷爾蒙的重要性才獲得正確的認識。但是，雖然荷爾蒙的功能如此重要，其機能、作用卻為人們所忽視。

現今，連小學生也知道心臟或頭腦具有何種機能，但大部份的成年人對於荷爾蒙幾乎是一無所知。因此，以下列舉數例以讓各位瞭解，荷爾蒙均衡對我們的生活周遭有多麼密切的關係。

利用荷爾蒙均衡讀書法提高效率

希望各位考生務必知道的是「荷爾蒙均衡讀書法」。這是活用腦中所分泌能提高學習效果、增強記憶的荷爾蒙，亦即利用使腦筋聰明的荷爾蒙性質的方法，任何人都可輕易實行。

舉例而言，我們在記憶電話號碼時，有時對某個號碼過目不忘，而有時卻在謄寫與筆記本中隨即遺忘而必須再次詢問。事實上，記憶的好壞和某些荷爾蒙有極大的關係。其中副腎皮質刺激荷爾蒙的一部份似乎可提高集中力、注意力或學習力，能幫助我們記憶事物。

因此，若要提高讀書效率，只要選擇這個荷爾蒙所分泌的時機，必可增強集中力與記憶力，在短時間內達到成果。不過，熬夜苦讀的方式事實上是違背荷爾蒙正常分泌的方法。

因為副腎皮質刺激荷爾蒙在早晨四點左右到九點之間分泌最多。所以，最能達到讀書效率的時間是，早晨四點到九點。若能充分地運用這五個鐘頭，以荷爾蒙分泌量來判斷，它可以達到夜晚十個鐘頭的讀書效果。

換言之，早晨是身心最充實狀態的時間。不僅是應考生，讀者也不妨有效地活用這段時間。不過，如果持續睡眠不足也無法善用這寶貴的時間，因而必須充分地攝取睡眠。

「健腦藥」誕生

目前已證實帕佐布雷辛（抗利尿荷爾蒙）關係著記憶力的增強。帕佐布雷辛原來的功能是調節體內的水份（體液）。它的功能是在腎臟過濾的水送往膀胱之前，再度吸收使其溶入血液中。

當體液減少時，為了再度吸收給予補充會大量分泌帕佐布雷辛，相反地，體液增多時分泌量會銳減，使多餘的水份排泄而出。譬如，體液若增加百分之一，帕佐布雷辛的分泌量就變成二分之一。

我們的身體是由與六〇％體重等量的體液所組成。換言之，六十公斤的人有三十六公斤的體液，其一％的量則是三六〇公克。所以，如果我們喝兩瓶可樂，帕佐布雷辛的分泌量就會減低二分之一。

從上述的說明各位應可瞭解，若要增強記憶力必須克制多餘的水份吸收。有些人讀書或工作時會一邊喝茶或可樂，但喝的越多會使帕佐布雷辛的分泌量減少，有可能因此降低記憶的效率。

從白鼠實驗證實，遺傳上缺乏帕佐布雷辛的大黑鼠，會罹患大量排尿的尿崩症。如果供給大黑鼠帕佐布雷辛，則可增強其記憶力。

雖然目前還無法得知在人體內輸入帕佐布雷辛，是否可增強智能，但不久的將來，有可能開發出利用帕佐布雷辛以增強記憶力的藥品。

荷爾蒙也可提高高爾夫的得分

高爾夫已漸漸成為一般人做為休閒活動的一種運動，遠離城市的喧囂，在綠意盎然的大自然內吸收新鮮的空氣，享受適度的運動。它可以說是非常適宜的身心鬆弛法。而你是否知道，高爾夫的得分深受副腎髓質荷爾蒙的影響呢？

「還好能想到副腎髓質荷爾蒙分泌造成的飛速影響，選擇小一號的球桿。」許多一流職業高爾夫選手，在談論球技時經常提及「副腎髓質荷爾蒙」。有關其詳細功能容後再敘，簡言之，副腎髓質荷爾蒙是在緊要關頭能使人發揮潛力的荷爾蒙。

常聽到年老多病的老人喊叫：「火災！」而慌張地扛著平常重得拿不起的金庫飛奔而出的例子。

我們之所以能發揮令人難以置信的「火災時的蠻力」，事實上，也是因為體內所分泌的副腎髓質荷爾蒙的影響。

由於人具有面臨重要關頭而發揮強大力量的潛能，如果距離果嶺有一一〇公尺，而揣測應該使用九號鋁桿，這時體內若分泌副腎髓質荷爾蒙，顯而易見地九號鋁桿一揮出去必超越果嶺。所以，一流職業高爾夫選手，都會計算副腎髓質荷爾蒙的分泌而選擇球桿。

但唯有行家才能老謀深算。一般的業餘高爾夫選手不僅球速過高超越果嶺，甚至力氣過大揮桿落空或一揮不知去向。所以，最重要的是副腎髓質荷爾蒙的調整法。

首先應該知道的是副腎髓質荷爾蒙在承受壓力或緊張時會分泌。胸口噗通噗通亂跳、血管收縮血壓上升、臉色蒼白。甚至手腳發抖、冒出冷汗等等，這些全是副腎髓質荷爾蒙的功能。

在決定勝負的揮桿入洞場合，雖然內心渴望一桿入洞，卻仍是心驚膽戰。就在這個瞬間血液中分泌了副腎髓質荷爾蒙，順著血液分佈全身。結果造成悲慘的揮桿落空。相信許多人有這樣的經驗。

有些人平常能打出相當水準的高爾夫球，但是，一碰到正式比賽成績就一落千丈。這些人完全是無法適切調整副腎髓質荷爾蒙的人。

那麼，該如何巧妙地藉助副腎髓質荷爾蒙之力揮出漂亮的一桿呢？

首先最重要的是，應自覺一旦緊張，體內的副腎髓質荷爾蒙即大量分泌的事實。覺得心跳不已、異常緊張時，若能顧及體內正有副腎髓質荷爾蒙不斷地分泌的現象，就可因此放鬆身心而抑制副腎髓質荷爾蒙的分泌。

其次，不必慌張地推球進洞，而以擊球的姿勢做揮桿練習。如此可以消耗多餘的副腎髓質荷爾蒙，也可爭取時間，使體內的副腎髓質荷爾蒙自然地消失。

副腎髓質荷爾蒙在緊張時即多量分泌，但其特徵是消失的也快。只要能掌握這個荷爾蒙的性質，應可減少錯誤的揮桿。各位不妨在下次機會試試看。

職業運動選手擅長副腎髓質荷爾蒙調整法

藉由副腎髓質荷爾蒙的調整而獲得好成績，並非只限於高爾夫。從日本傳統競技——相撲的時況轉播即可發現，相撲力士通常會利用對峙準備搏鬥的時間，讓自己情緒達到緊張的最高潮。藉由彼此瞪視對方、提高決戰的鬥志，以促進副腎髓質荷爾蒙的分泌。日本橫綱千代富士最擅長副腎髓質荷爾蒙的調整法，因而在決戰上幾乎所向無敵。

在網球等比賽中，也偶爾可見故意甩球拍向裁判挑釁，態度惡劣的選手。有些觀眾碰到這樣的情景，也許會認為這番爭執也不會改變既定的判定，何必如此憤怒。其實，這也是職業選手為自己爭取成績的方法之一。因為這是熟知怒上心頭，體內必會分泌副腎髓質荷爾蒙而採取的行動。因此，多數在比賽中發怒的職業選手，一旦發覺體內的副腎髓質荷爾蒙已分泌過剩，隨即態度一改，接受裁判的指責或做出令觀眾發笑的舉止，讓自己放鬆心情，以調整副腎髓質荷爾蒙的過剩。

因此，對職業運動選手而言，副腎髓質荷爾蒙的調整，是獲勝不可或缺的條件。你若也能瞭解其中的巧妙而觀賞球技，球賽必可比以往倍增樂趣。如果你也是喜愛運動的人，也可以自我調整副腎髓質荷爾蒙的分泌而獲得好成績。

參加公司錄用考試的面試或異性相親等場合，也是同樣的道理。覺得緊張不知所措時，體內會一再地分泌副腎髓質荷爾蒙，但如果告訴自己：「稍待一會兒副腎髓質荷爾蒙即消失。」以寬裕的心情面對情況，內心的悸動自然會消逝無蹤。

斥責部屬時應選擇早晨而避開傍晚時刻

易怒者也應自覺，動怒會分泌過剩的副腎髓質荷爾蒙，造成血壓急遽上升，帶給腦部心臟負擔。如果因無謂小事大聲怒斥部屬，結果氣火攻心，兩腳一伸撒手人寰，無異於自己減低自己的壽命。

若要斥責部屬，建議身為管理階層者最好選擇上午時間，避開傍晚的時候。誠如應考生選擇讀書的時間一樣地，早晨因可基佐爾荷爾蒙的分泌，精神、體力都相當充沛，一旦遭受指責不僅不會感到頹喪，甚至會產生「今後好好做事避免再被責備」的決心。

相反地，傍晚時分體內的可基佐爾荷爾蒙分泌減低，不但顯得無精打采，也會感到疲憊，這時內在的叛逆會超越想積極奮發的決心。結果，下班後喝悶酒洩氣，翌日帶著酒氣上班。惡性循環的結果已搞不清楚自己何以被上司責備了。

從以上的說明，各位應可以瞭解，荷爾蒙的知識對競技運動或我們的日常生活會帶來各種不同的好處。

多毛或年少禿頭都是荷爾蒙失調所造成

「甲狀腺荷爾蒙的分泌量減少，會使腋毛、陰毛減少，頭髮也易掉落，但相對地體毛會增多。同時，這種荷爾蒙量增多時容易引起圓型脫毛症，也常見少年白髮。」

「陰毛的下半是由副腎髓質荷爾蒙控制，上半則由男性荷爾蒙支配。因此，女性的陰毛呈倒三角型，男性則是菱型。陰毛捲縮是因女性荷爾蒙的功能所致，過了更年期，荷爾蒙分泌量減少的女性，陰毛會變直毛。」

各位覺得如何呢？這些說明足以讓各位瞭解體毛和荷爾蒙均衡有多麼密切的

關係吧。除了令女性大感困擾的無毛症之外，多毛症也是荷爾蒙失調所致。

相對地，男人的煩惱也許是所謂的「少年禿頭」吧。而少年禿頭的原因正是男性荷爾蒙的影響。女性荷爾蒙會抑制體毛的成長，而男性荷爾蒙則具有使恥毛變成硬毛的功能，因此，男性的陰毛比女性多而長，但在頭髮方面，因性荷爾蒙卻會抑止其成長。

因此，治療少年禿頭症，只要服用抑止男性荷爾蒙機能的物質即可，這種物質的開發指日可待。

無緣由的自殺

現今複雜的社會，自殺者的年齡有日漸降低的傾向，尤其是中小學生的自殺事件日漸成為矚目的焦點。相信有不少人對於年輕人草率了結生命的現狀感到費解，何以現今的幼童、青少年會另人費解的走上自殺絕路呢？

你是否知道自殺的行為事實上也和荷爾蒙均衡有關呢？處於同一種狀況下，有些人毫無自殺念頭，有些人隨即以了結生命來解決問題。當然，其中也有個人性格的差異，但它卻不是全部的原因。

譬如，我們知道因甲狀腺荷爾蒙的缺乏，或稱為「可基佐爾」的副腎皮質刺激荷爾蒙的減低，有可能使人產生自殺的念頭，但有些資料也顯示「可基佐爾」過增時，十人中約有一人會萌生自殺念頭。

再者，最近經由對自殺者腦部的檢查，發現有許多人腦中有過剩的5—羥色胺（**Serotonin**）於腦中各細胞間傳達資訊的物質，和荷爾蒙有密切關係。

由此可見，自殺行為也和荷爾蒙或與荷爾蒙相關物質的失調有關。當然，奉勸各位不要有自殺的念頭，但萬一突有自殺的意念時，不妨回想這個事實，在草率付諸實行之間，先到醫院檢查一下。

因為只要體內的荷爾蒙保持均衡，極有可能讓自己恍然大悟，甚至疑惑何以會自殺的念頭。

荷爾蒙是身體的潤滑油

荷爾蒙的機能及其效用可大致區別為四種。

①生殖與美容

規則的生理、美麗肌膚、光亮的頭髮、克服青春痘、多毛、更年期障礙（女性），性能力增強、消除禿頭、白髮、回復自信（男性）。

②**成長與發育**

適度成長、學習力及集中力、智能的提高、預防異常發育（癌）、不老長壽。

③**對環境的適應**

預防壓力所帶來的疾病（高血壓、糖尿病、圓型脫毛症、哮喘、胃潰瘍、心肌梗塞）、……。

④**熱能生產與儲藏**

預防肥胖、消瘦、快食、快便、克服疲勞、倦怠感。

一切生物生存的理由在於延續子孫、保存種族。因此，必須維持自己的生命直到可能生殖的狀態。種族保存與生命維持是我們人類的基本活動，而這些全受體內荷爾蒙的支配。

支配生殖的，當然是女性荷爾蒙與男性荷爾蒙。融洽的性愛關係、生育兒女等都是因性荷爾蒙保持均衡才可能實現。

至於誕生的嬰兒是否能順利的成長，也和荷爾蒙有密切關係。在成長荷爾蒙及其他各種荷爾蒙相輔相成之下，幼小的生命慢慢發育成長為具有強壯體魄的成年人。

我們在求生的過程中必須順應外在環境的變化，調整體內各器官的機能，以維護身體避免惡劣環境、危險、壓力的侵蝕。而對環境的適應能力也是荷爾蒙重大機能之一。

譬如，當面臨某種危險時，我們無意識中會睜大眼睛、嚴陣以待。心臟鼓動不已、臉色蒼白。這是因副腎皮質荷爾蒙等讓身體做出可隨機應變的準備。同時，在甲狀腺荷爾蒙、胰島素、副腎皮質荷爾蒙等多數荷爾蒙的均衡協調下，生產足以讓我們活動的必要熱能，或將體內熱能儲存於肌肉或脂肪內。

以上四項是目前我們對於荷爾蒙所瞭解的主要機能。荷爾蒙的機能常被譬喻汽車的潤滑油，因為它會對體內各個器官產生作用，調整其活動。以汽車為例，車內所有零件正常，也加滿汽油，但沒有機油仍然無法行駛。從這一點看來，荷爾蒙可稱為體內的潤滑油。

不過，荷爾蒙過多或過少都會造成異常，這一點倒是機油無法相提並論。從次頁開始，將盡可能深入淺出的為各位說明，如此微妙的荷爾蒙到底為何物？在我們的體內有什麼樣的作用。

⑵ 以荷爾蒙為伴

荷爾蒙和維他命的重大差別

在維他命有益健康的風潮下，維他命劑的消耗量可謂空前絕後。各個街坊角落的維他命專賣店櫛比鱗次，這個盛況令人大吃一驚。

其實，幾乎所有的食品都含有維他命，只要有正常的飲食，鮮少會有不足的現象。

與其輕易服用維他命劑求取安心，不如改善平時的飲食生活對健康才有益。最近，因維他命攝取過多已造成問題。

維他命分佈在青菜、肉類、魚類等各種食品，人體可以藉由食物獲得補給，但荷爾蒙幾乎無法從食物中補給。這是維他命和荷爾蒙最大的差別。

如果可以從食物補給荷爾蒙，情況可能不妙。因為荷爾蒙過剩會到處出現巨人症，或社會上隨處可見巴塞多症患者，所有食物將被吃得精光。

因此，無法在體內製造的維他命必須由外補足，但過多或過少都會危害身體的荷爾蒙，只能由體內製造而不能從外補充。我們的身體結構的確精緻巧妙。

荷爾蒙是體內某些細胞才能製造的化學物質。而製造這些化學物質的細胞團體稱為內分泌腺。

請看三十四頁圖必可明白，具有內分泌腺的代表器官有腦的視床下部、腦下垂體、甲狀腺、副甲狀腺、胰臟、腎臟、副腎、卵巢、睪丸等。最近心臟也加入其列。由此可見，幾乎所有的器官會製造機能完全不同的兩種以上的荷爾蒙。

人體所製造的荷爾蒙會從細胞直接分泌於血管內，藉由血管傳達到目標的器官或細胞。不過，也有在內分泌以外的場所製造的荷爾蒙。最具代表的是消化管荷爾蒙，譬如，從胰臟分泌炭酸水素鈉的腸促胰激素，是由一點一點分佈於十二指腸黏膜的細胞所製造，然後分泌在血液中。

所以，荷爾蒙只能在我們的體內製造。無法像維他命一樣，缺乏時飲用維他命劑補充。而且，多數的維他命即使服用過多也會排出體外，不會造成問題，但荷爾蒙劑具有副作用，不可以輕易使用。正因為如此，我們平常必須注意體內荷爾蒙均衡。

體內分佈的內分泌腺和荷爾蒙

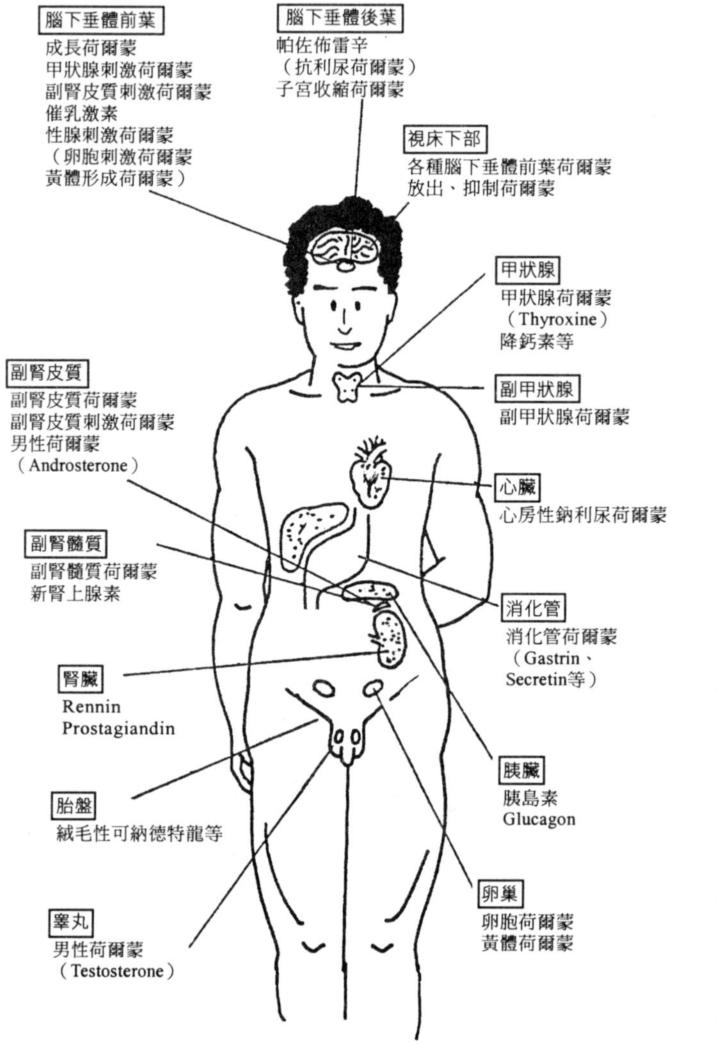

漸漸解開謎底的荷爾蒙

十九世紀初，荷爾蒙這個名詞首次問世，因發現腸促胰激素而得名。英國的史達林格生理學家，發現胃內食物進入十二指腸後，讓處會發出訊號，而從黏膜分泌出某種化學物質到血液中，流通到胰臟再從此分泌出炭酸水素鈉，於是將此化學物質命名為「腸促胰激素」。

三年後，又發現從胃黏膜分泌到血液中，促進胃酸分泌的胃泌激素（Gastrin）。因此，史達林格提倡，將分泌於血液中對其他器官造成刺激的化學物質稱為「荷爾蒙」。

荷爾蒙的希臘語是「使其覺醒」「使興奮」或「刺激」等意思。由於消化管荷爾蒙的發現，荷爾蒙的研究總算踏出第一步。

但是，此後消化管荷爾蒙的研究停滯不前，爾後發現的下垂體、甲狀腺、副腎等荷爾蒙反而搶先獲得解明。因為消化管荷爾蒙並非由內分泌腺所分泌，而是從一點點分佈於消化管內的細胞所分泌。

因此，距今約四十年前其化學構造才獲解明。而從十五年前左右又發現腦中也有許多消化管內的荷爾蒙，於是消化管荷爾蒙又重新獲得世人矚目的眼光。隨著這類研究的進步，才發現並非只有史達林格所定義的「分泌於血液中，刺激其他器官」的才是荷爾蒙。

譬如，以腸促胰激素為例，誠如前述它不但會刺激胰臟，還具有抑止胃液分泌的功能。換言之，不僅能刺激其他器官、細胞使其運作活潑，還有抑止活動的荷爾蒙。

同時，也發現了不分泌於血液中的荷爾蒙。這些荷爾蒙從細胞分泌之後直接對鄰近的細胞產生作用。譬如，腦中有這類荷爾蒙的分泌，會從細胞傳達神經的興奮到其他細胞，使神經細胞的機能產生變化。

甚且也有特殊的荷爾蒙，它們雖由細胞所製造卻不分泌，而直接刺激細胞本身。目前將上述所有的物質都一概稱為荷爾蒙。

所以，以定義重新評估荷爾蒙時，它應該是：「由特定的細胞所分泌，利用由血液輸送等方法對其他特定的細胞造成作用，使該細胞的機能活潑或反之抑止其活動的化學物質」。

荷爾蒙是無色透明的物質，因而無法觀察其分泌的狀態，抽取而淨化後會變成白色粉末。這正是具有令人驚訝的荷爾蒙。

那麼，這些白粉是從何製造而來呢？以其材料分類可大致區分為兩種。其一是以氨基酸為材料，其中又分為數種氨基酸聚集一起的縮氨酸，以及比縮氨酸更大的蛋白質等兩種。

其中包含兩個氨基酸連接沃素型態的甲狀腺荷爾蒙、由一個氨基酸所構成的副腎髓質荷爾蒙等。

而另一種是非蛋白荷爾蒙。這是以膽固醇為材料，由睪丸、卵巢、副腎皮質所分泌。至今部份人士視若健康大敵的膽固醇，事實上是荷爾蒙的原料，所以，又稱為類固醇荷爾蒙。

如前所述，服用荷爾蒙後，荷爾蒙會在胃或腸內被分解，但由氨基酸聚合而成的荷爾蒙，其大部份的氨基酸會被分解支離，因而會失去效用。

而服用類固醇荷爾蒙後，其中一部份會在體內發揮荷爾蒙的作用。口服避孕藥可用吞服達到效果，但做為糖尿病治療藥的胰島素，或使用於侏儒症治療的成長荷爾蒙，卻必須利用注射才能產生效果，正是這個緣故。

一生的分泌量只有一湯匙

人體一天約可分泌一千五百毫升(millilitre)的唾液，也能分泌約五百毫升的胰液，而荷爾蒙的分泌量有多少呢？從其廣大的機能揣測，自然令人以為其分泌量甚大。但是，實際上它所分泌的量微乎其微，幾乎無法由肉眼觀察。

以女性荷爾蒙為例，從思春期開始分泌變得旺盛，直到閉經期，會以一定的週期持續分泌。由於女性荷爾蒙的功能，才有漸趨豐滿的乳房及一定的來經、懷孕。它所發揮的能力令人讚嘆，但其分泌量以漫長的一生為計，只有一湯匙的份量而已。

曾經流行一句話：「一湯匙的幸福」，這乃是引喻女性能發揮身為女性機能的幸福，全掌握在一杯量的女性荷爾蒙。

同樣地，在我們延續生命中佔居最重要角色的荷爾蒙是由副腎所分泌的可基佐爾，其總分泌量雖然遠比女性荷爾蒙來得多，但一年內也只分泌一湯匙量。

雖然分泌量微乎其微，但若沒有副腎所分泌的荷爾蒙，我們甚至無法存活於世。人體會因缺乏這種荷爾蒙，漸漸衰弱而死亡，所以，這種荷爾蒙可以說是生命的精髓。

微量卻能發揮驚人的威力。任何化學物質都無法與荷爾蒙相提並論。但是，並非每天以一定的比率分泌如此微量，僅有幾萬分之一的量。

荷爾蒙是藉由促進細胞機能或抑止其作用而使體內環境保持固定狀態，賦予人體適應外部環境的能力，因此，必須依人體的需要增減分泌量。

幾乎所有的荷爾蒙都是由細胞所製造，然後直接輸送到血液內，但它們卻非一點一滴慢慢地分泌而出，而是以某個間隔瞬間地發散而出。這和心臟輸送血液的情況有點類似。當人體處於悠閒狀態時，心臟會以一定的脈絡鼓動，但從事激烈運動後，鼓動會加速並送出大量血液。

荷爾蒙的分泌也是一樣，當分泌減少時由細胞分泌出的間隔會拉長，一次的分泌量減少，但分泌量增高時，間隔的時間會縮短其一次的分泌量也增多。

至於分泌量增減的時間，當然因各種荷爾蒙而有不同。如性荷爾蒙等有一定的週期，能適切的控制月經，而成長荷爾蒙等則在睡眠中提高其分泌量。

胰島素會受糖份攝取量的影響，甲狀腺荷爾蒙則會因外氣溫度而改變。

荷爾蒙會依人體的需要迅速地製造而分泌。大多數的荷爾蒙在有如魔術師的細胞的變法下，立即製造並釋出。當然，其中也有例外，如甲狀腺荷爾蒙是事先製造而儲存的荷爾蒙，它會因人體的需要分泌而出。由於微量卻具有特效性，才有如此機動性的分泌體系。

由於荷爾蒙的分泌量非常少，其分泌器官的內分泌腺也極小，以副甲狀腺而言，只有〇·一公克。體內所有的內分泌腺總和也不過六十公克。我們之能擁有順應環境變化的強韌生命力，也能延續子孫，完全是有六十公克的器官所賜。

荷爾蒙發出命令使細胞分泌荷爾蒙

荷爾蒙的分泌是因體液變化或外部的刺激，但內分泌腺不會直接對這些變化或刺激產生反應。荷爾蒙有數十種類，如果各分泌腺任意分泌或停滯分泌，就無法使荷爾蒙取得協調，不僅無法維持健康甚至會危害生命。

因此，人體內必須有監視各內分泌腺均衡地分泌荷爾蒙，並能給予控制的器官。而職掌如此重大職務的是，腦下垂體。

以目前所發現的荷爾蒙而言，從腦下垂體的前葉所分泌的有成長荷爾蒙、催乳激素（Prolactin）、甲狀腺荷爾蒙、副腎皮質刺激荷爾蒙、卵胞刺激荷爾蒙、黃體形成荷爾蒙等六種。

這些荷爾蒙的機能除了成長荷爾蒙之外，是對其它內分泌腺產生作用，促使其分泌荷爾蒙。其中，卵胞刺激荷爾蒙和黃體形成荷爾蒙會對卵巢、睪丸等性腺造成刺激，兩者合稱性腺刺激荷爾蒙。

舉例而言，到了思春期由於卵胞刺激荷爾蒙的機能，卵胞荷爾蒙會被輸送到血液內，其中某些對乳房細胞，某些對骨骼細胞造成作用，使乳房增大，變成女性化的骨架。

所以，唯有下垂體前葉分泌荷爾蒙，其管轄內的各內分泌腺，才能分泌荷爾蒙，而其分泌量會隨前葉荷爾蒙的比例增加，必無法擅自調整分泌量。

從這個組織系統看來，下垂體前葉可譬喻為交響樂團的指揮。由於它的指揮使演奏者琴韻和鳴，奏出和諧的生命樂章。

但是，下垂體前葉事實上必須聽候上層部的命令才能產生作用。換言之，雖名為總經理卻受雇於人，所行所為必須等候董事長的命令。而相當於董事長的是位於間腦的視床下部。這個部份有自律神經的中樞，和大腦也有密切關連，它正是控制荷爾蒙分泌的大本營。

由視床下部所分泌，目前已明白其化學構造的，有甲狀腺刺激荷爾蒙放出荷爾蒙、黃體形成荷爾蒙放出荷爾蒙、副腎皮質刺激荷爾蒙放出荷爾蒙、成長荷爾蒙放出荷爾蒙、成長激素釋放抑止因子（Somatostatin）、泌乳激素抑止荷爾蒙等六種。

雖然名稱頗為繁複，事實上，只是在前葉荷爾蒙的名稱上連接放出荷爾蒙而已。以甲狀腺為例，是指促使分泌（放出）刺激甲狀腺荷爾蒙的荷爾蒙。

Somatostatin 具有抑止成長荷爾蒙分泌的功能。這種荷爾蒙也能從胰臟分泌，目前已得知它具有抑止各種荷爾蒙分泌的作用，目前尚做深入的研究中。一般認為，視床下部還有許多未曾發現的荷爾蒙，期待陸續的發現。

如果視床下部不分泌荷爾蒙，無法激發下垂體荷爾蒙的分泌，結果末梢的荷爾蒙也不能分泌。這個體系彷彿一般職員上班，必須有總經理的命令，而總經理的一舉一動則聽由董事長支配。

如此層層相扣的關連，正表示荷爾蒙分泌均衡的重要，期間的秩序稍有紊亂對人體會帶來重大的影響。

服用男性荷爾蒙精力會減退

直到目前，仍然有不少患者央求院方開男性荷爾蒙劑，為的是提振精力。醫生碰到這類情況，常會警告對方：「身無病痛而服男性荷爾蒙，只會使精力更加減退！」但一般人都一臉狐疑的表情而不採信。

無知害人最深，人們已將男性荷爾蒙認定是增強性能力的藥劑。據說有許多人服用市面上出售的添加男性荷爾蒙的強精劑，但以專家的立場而言，這些人無疑是故意破壞性機能。

以下就為各位解說，何以男性荷爾蒙會減弱精力的理由。

有如董事長的視床下部下達命令給總經理，總經理接獲命令後，派遣總經理秘書到各內分泌腺傳達指令，這時才由內分泌腺向有如職員的荷爾蒙命令到各自負責的工作現場去。

這是人體荷爾蒙企業的原則，屬於這個企業的職員絕對不可擅自行動。而人體企業荷爾蒙有其特別的組織系統。當人體所必要的荷爾蒙分泌到血液中時，某職員會直接向董事長或總經理進言：「已經足夠了，請不要再下達分泌的命令。

」而生性呆板的董事長或總經理，也依職員所述立即停止命令。

譬如，男性荷爾蒙若分泌所必要的量，它會造成刺激抑止視床下部荷爾蒙或腦下垂體荷爾蒙的分泌，於是血液中不再增加男性荷爾蒙。

這種組織體系稱為反饋管制系統（Feedback）。

腦下垂體的前葉荷爾蒙對視床下部造成作用，稱為短式反饋系統（Short、Feedback）而有如一般職員的末梢荷爾蒙對腦下垂體或視床下部造成作用，則稱為長式反饋系統（Long、Feedback）。正因為有這種反饋管制系統，我們的身心若處於健康狀態下，自然能保持均衡的荷爾蒙。

但是，如果擅自服用男性荷爾蒙，情況會如何呢?所吸收的荷爾蒙當然會充斥在血液中。而且腦下垂體、視床下部並無法辨別這些男性荷爾蒙是由睪丸所製造，或由外部供給。

荷爾蒙本來只能在體內製造，而不可能從外部供給，因而也沒有給予區別的必要。因此，以人工方式在製藥場製造的荷爾蒙，及體內所製造者，都會受到同樣的反饋管制系統的控制。

擅自服用的男性荷爾蒙會對腦下垂體、視床下部造成作用，傳達「已經足夠了！」的指令。而不察這是由外部闖進的董事長、總經理，隨即下達停止分泌的指令。結果，體內的睪丸不再製造或分泌男性荷爾蒙。

由此可知，每次服用男性荷爾蒙，睪丸即張貼暫時停工的標示。和一般的工廠一樣，長期不使用的機器會生銹，出現各種故障，即使接獲「開始勞動」的命令，再也無法順利地操作業務。如此反覆數次後，不僅睪丸的能力日漸衰微，甚至可能永遠無法使用。

服用男性荷爾蒙確實有暫時的效果，但輕易服用只會使自己的機能衰弱。極端地說，男性荷爾蒙是使性能力減弱的藥品。

某種糖尿病不久可痊癒

荷爾蒙造成作用的特定臟器或組織稱為標的器官（臟器）。長久以來何以荷爾蒙只對這些標的器官產生作用，仍然是個謎。但令人驚訝的是，作用如此神奇的荷爾蒙，一次分泌的量卻微乎其微。

幾乎無法肉眼看出的微量荷爾蒙，由多達五～六公升的血液輸送並找到所鎖定的細胞，整個活動的過程只能以神秘來表示。而解開這個神秘之謎的是，標的器官中受容器的發現。

如果把荷爾蒙比喻為鑰匙，受容器即等於鑰匙孔。血液中的荷爾蒙會找到擁有與自己鑰匙形狀搭配的鑰匙孔的細胞，潛入該細胞內才發揮效果。

如果受容器發生故障，情況會如何？無庸贅言，雖然荷爾蒙分泌順暢，也無法出現其效果。因為荷爾蒙通過細胞之前，由於鑰匙孔不合也莫可奈何。

譬如，由胰臟分泌，具有降低血中所含糖份（血糖質）的荷爾蒙是胰島素。我們飲食用餐會吸收糖份而增加血液中的血糖質。結果，胰臟會分泌胰島素，對脂肪組織造成作用，將糖份化為脂肪儲藏在體內。

脂肪是做劇烈運動或禦寒時的熱能。而胰島素的機能發生異常的疾病是糖尿病。血液中的糖份無法造成任何效果，混入血液內排泄而出。

糖尿病患如果是因胰臟機能衰弱而無法分泌胰島素，而直接注射胰島素捱過難關。

但胰臟機能正常且分泌胰島素，卻因脂肪組織細胞內的受容器發生異常時，注射再多的胰島素也無法達到效果。

但目前幾乎無法瞭解這些受容器的構造。直到最近才清楚胰島素受容器的構造。換言之，已瞭解胰島素的鑰匙孔構造。但這個發現並不表示受容器有異常的糖尿病患者即能獲救。但由於瞭解了其鑰匙孔的構造，至少可以製造與該鑰匙孔相配的鑰匙。這項研究若能持續進行，將是對受容器異常的糖尿病患者的一大福音。

巴塞多症，目前也被認為是甲狀腺刺激荷爾蒙受容器的疾病（凸眼性甲狀腺腫）。

這個受容器在一個細胞中有數個。令人驚訝的是，這個受容器可以在細胞中調節荷爾蒙的效果。荷爾蒙量增多時，受容器會自動減少其數目。除了反饋管制系統中，細胞會向荷爾蒙提出警訊外，在受容器中還具有調節荷爾蒙的作用。

三種荷爾蒙均衡

現在你大致能瞭解荷爾蒙為何物。以下就說明荷爾蒙均衡的問題。

第一是荷爾蒙的分泌均衡。誠如前述，其組織系統只分泌人體所必要的量，不過，可能因某種緣故而造成這個系統的紊亂，或只增、減某特定的荷爾蒙。混亂的程度輕微時，會出現疲倦、懶散、心浮氣躁、肩酸等輕微症狀，當事者並不認為原因是荷爾蒙失調所致。

但是，當內分泌腺的機能減弱或者腦下垂體出現腫瘍，使荷爾蒙極度地失調時，症狀將會加劇。

我們的體內若無法維持荷爾蒙保持一定量的分泌，將無法維持健康。因此，每一個荷爾蒙的分泌量是否正常，是問題所在。

第二個均衡是，作用完全相反的兩種荷爾蒙之間的關係。

譬如，具有在血液中提高鈣質機能的是，由副甲狀腺分泌的帕拉特魯荷爾蒙，而當鈣質提高，具有降低其數值的是降鈣素荷爾蒙。

我們的血壓，也是因具有增高與降低效果的荷爾蒙之間的制衡作用，才能取得均衡。

第三個均衡是，數種荷爾蒙協力相助發揮一個作用的情況。消化管荷爾蒙是最好的例子，有將近二十種類的荷爾蒙會彼此作用而幫助胃、腸的消化。

可見，「荷爾蒙均衡」一詞含蓋著許多意義。所以荷爾蒙失調所造成的不適會遍佈全身。

各位已大致瞭解荷爾蒙的機能。肉眼無法可視的微量物質，卻支配著我們的生命。越瞭解其機能越令人讚嘆荷爾蒙神秘的力量。

但是，除了讚嘆之外更重要的是，必須具備對荷爾蒙的正確知識，同時，身體出現不適，懷疑可能是荷爾蒙失調所造成，是消除原因不明的身體不適最重要的關鍵。

不過，以上的程度尚未充分地活用難得的荷爾蒙知識。更積極地與荷爾蒙親近，把荷爾蒙當做自己的伙伴，才是保健的最佳方法。

為此，在日常生活中，應該盡力維持每一個荷爾蒙方便活動的身體狀態，有時也能利用自我暗示加減荷爾蒙的分泌量。能夠做到這個程度，荷爾蒙才是各位最強而有力的伙伴，必可維護你的健康。

(3) 保持荷爾蒙均衡的生活法

會睡的嬰兒長得大、會睡的成年人長生不老

「會睡的嬰兒長得大」這是自古相傳的一句話。不過，瞭解成長荷爾蒙機能的你，必會立即察覺：「嬰兒的成長並非因睡眠之故，而是荷爾蒙之賜。」

如果人體不分泌成長荷爾蒙，再有長時間的睡眠，兒童也無法發育。兒童之所以日漸成長，完全是成長荷爾蒙之賜。

但是，「會睡的嬰兒長得大」這句傳說並非迷信，它具有科學佐證的事實。因為成長荷爾蒙是睡眠中分泌量最多的荷爾蒙。

兒童的成長並不靠睡眠，只是以結果而言，好睡的孩子長得好，不睡的孩子發育會受到影響。在未曾聽聞「荷爾蒙」一詞的時代，人們一定是比較哭鬧不睡及安詳熟睡的孩子，從經驗上領悟到「會睡的嬰兒長得大」的事實。

誠如前述，成長荷爾蒙也具有將蛋白質儲存於肌肉的機能，但此外還有另一

個重要的功能。那就是將我們體內儲存的脂肪分解輸送到血液中。

換言之，做為人體製造材料的蛋白質，會暫且儲存於肌肉細胞內，然後再迅速地將成為熱能之源的脂肪輸送到血液中。

不少人應有過這樣的經驗，在上班的捷運上不自主的打了瞌睡，但幾分鐘的瞌睡後卻精神百倍。我認為這也是成長荷爾蒙在血液中增加脂肪的緣故。

而與性有關的黃體形成荷爾蒙，年輕男子常在深夜中大量分泌，催乳激素的分泌也會因睡眠變得活潑。睡眠不足的人會性慾減退，或造成生理不順的現象，全是這個緣故。

上述的荷爾蒙會因睡眠而增加分泌，但也有因睡眠而抑止分泌荷爾蒙。最具代表性的是甲狀腺荷爾蒙。以上雖只介紹二、三例，但從而可發現在睡眠中，荷爾蒙努力地回復我們的疲勞，修復身體的機能以儲備翌日的活動。

如果沒有充分的睡眠，這些荷爾蒙將嚴重地失調，造成身體各種不適的原因。

各位對於充分睡眠的重要已聽過數百次，無需在此贅言。不過，若沒有充分的睡眠，即使實行其他任何的健康法也無法保證老後健康方面的安適。各位最好有這一個覺悟。

最近，從實驗漸漸明白，睡眠本身是由荷爾蒙所調整。譬如，由腦中松果體分泌的梅拉特寧或前列腺素D_2等，數種荷爾蒙會誘發睡眠。

所以，想睡卻刻意不睡，有可能破壞腦中這些荷爾蒙的均衡。總而言之，會睡的孩子長得大，會睡的成年人健康長壽。所有健康法的基本在於睡眠。

睡眠後何以精神百倍？

數年前在洛杉磯舉辦的奧林匹克運動會，當時日本馬拉松界的希望，瀨古利彥選手卻辜負眾人的期待，以十四名的成績落敗。造成其身體不適的原因之一是時差引起的恍惚感。

瀨古選手於一週前才到達美國參與競賽。據說時差不適感至少要一星期才能勉強消除，而馬拉松是耗費體力的競技運動，他無法發揮實力，乃是理所當然的結果。

時差恍惚是指身體規律的失調。大自然是日夜交替地運轉，我們身體大部份的機能也都順應著大自然，以二十四小時為週期有規律的變動。

當這個規律混亂時，身體會立即感到不適。精神恍惚、失去幹勁、容易疲倦等症狀，而時差恍惚就是其代表。因為白天之後又面臨白天，夜晚之後隨之而起的也是黑夜，身體會感到惶恐而自亂陣腳。

這種現象並不限於海外旅行。不規則的生活也同樣會造成身體規律的混亂，顯著地降低體力。在國內而有時差恍惚之類的症狀，可以說是體內的生物時鐘與行動時間之間的出入所造成的時差恍惚。

體內時鐘稱為生體時鐘，位於腦的視交叉上核（眼睛感受光刺激的場所）。而我們的身體會配合生體時鐘發揮正確的機能。

荷爾蒙的分泌當然也和生體時鐘密切的關連。譬如，由副腎皮質所分泌副腎皮質刺激荷爾蒙，在早晨四點左右到九點之間分泌最多。這個荷爾蒙和成長荷爾蒙一樣地，具有提高血糖質的作用，將脂肪組織內的脂肪送到血液中，成為體內熱能而隨時可運用的狀態。

換言之，它在我們的睡眠中開始活動，為睡醒後的一切活動做準備。精疲力倦後睡眠，翌日仍舊回復精神飽滿，正是這個緣故。

各位回想打麻將或工作熬夜的情況。深夜一、兩點左右會感到一陣強烈的睡意。但是，只要捱過這個時期，到了天亮時分非但沒有睡意，甚至會感到一股元氣。

這正是因為清晨四點左右開始分泌的副腎皮質刺激荷爾蒙的功能所賜。當徹夜麻將或工作完畢回到家已是早晨，這時身體感到疲憊不堪到床上休息。但即使休息到傍晚，由於傍晚、夜晚時分副腎皮質刺激荷爾蒙幾乎不分泌，因而血液中的糖質、脂肪也不會增加。身體只感到慵懶無力，並無早晨睡醒後的活動力。

偶爾的徹夜不眠，情況僅止於這個程度。只要當晚能確實地補充睡眠，一日的行動也能配合生體時鐘的規律，翌日身體必能恢復。換言之，成長荷爾蒙或甲狀腺荷爾蒙的分泌規律只有一天的不適而沒有大礙。

配合生體時鐘週期的規律生活

如果持續不規則的生活，身體會出現何種狀況？身體時鐘是個巧妙的結構，它會讓身體機能配合現實生活，加快時間或延後以調整時間。因而人體能自然地解除時差恍惚感，因為生體時鐘會自然地配合當地時間。

到歐美旅行一、兩星期後，體內的副腎皮質荷爾蒙會配合當地時間，從清晨四點到九點之間多量地分泌，生體時鐘會開始配合我們的活動狀態規律地運作。

但是，如果生活不規則，有時晚上十點睡，有時清晨五點才入睡，生體時鐘無法配合紊亂的作息，會變得紊亂不知所從。這期間如果任由秩序大亂而置之不理，不僅荷爾蒙失去均衡，所有器官的機能也會產生混亂。結果造成體力衰弱，身體抵抗力減弱，處於身體不健康狀態而容易罹患疾病。

由此可見，不規則的生活對身體的危害多大。人是屬於晝行性的動物，白晝活動，夜晚休息。而控制我們日夜行動的是生體時鐘，為了維持健康，我們的生活必須配合生體時鐘的週期。

因工作或其他原因，有許多人過著日夜顛倒的生活。如計程車司機、公司警衛、護士小姐等。他們的工作時間的確對健康有不良影響，但只要自己建立規律的週期，可以儘量減少其傷害。

總而言之，必須避免不規則的生活。為了保持健康與長壽，充分地睡眠和遵守規律生活是基本的條件。

運動不足會混亂荷爾蒙均衡

女性從事運動的熱潮有增無減，如有氧舞蹈、爵士舞、媽媽族芭蕾或媽媽族太極拳等。運動不僅能體驗活動筋骨後汗流浹背的暢快感，而且對美容、健康等都有助益，運動的風潮自然日漸昌盛。

但是，男性倒有運動不足之嫌。根據調查顯示，有七〇%左右的男性自認運動不足。

台灣的男女平均壽命差約五年，而美國只有兩年。何以美國男性較長壽？據說原因是參與家事勞動。

妻子準備料理，丈夫善後服務，分擔家務已成美國一般家庭的常識。輕微勞動雖無法和運動相提並論，但經年累月之下，卻對健康帶來好處而延年益壽。

也許有人會懷疑，但是，從各式各樣的實驗已證實運動和壽命有正比關係。譬如，美國的哈蒙特博士曾以四十萬人為對象，根據其日程生活的運動量分成四組，調查一年後的死亡率。

結果發現運動量的多寡和死亡率的高低成反比。而在動物的實驗中，讓同一母鼠出生的白鼠生活在營養與環境相同的背景下，只改變其運動量而飼育時，很明顯地運動量較多的白鼠較長壽。而且，從而發現適度運動或返老回春對高血壓也能發揮效果。

由此可見運動和長壽有密不可分的關係。藉運動或勞動活動筋骨時，支配肌肉的神經機能會變得活潑，然後透過神經中樞的視床下部促使荷爾蒙的分泌。

最具代表的是由神經末端所分泌的新腎上腺素、副腎髓質分泌的副腎髓質荷爾蒙、副腎皮質分泌的副腎皮質刺激荷爾蒙，它們會增強做為熱能的血液中的糖份以備萬一，或下達指令讓組織不可擅自使用這些糖份，積蓄熱能等，照料一切以便我們的身體足以負荷運動的消耗。

這些荷爾蒙可促進身體的新陳代謝，並使循環器系、呼吸器等機能活潑，同時產生適度的疲勞讓我們熟睡。

而且對健康有益的運動所形成的壓力，可以發洩對身體造成不益的壓力。

我們的身體有一個大原則是：「適度地使用能提高機能，使用過多會消耗機能，而完全不使用則產生退化、機能減弱。」某著名的實驗甚至證實，一三〇日長久臥床的人，其骨骼會減少二十%，但每天步走、慢跑或享受運動的人，骨骼會增加，由此可見，運動不足不僅會混亂荷爾蒙均衡，甚至會造成全身機能衰弱。

但突然做激烈的運動卻是危險的。首先應從步行開始，慢慢地讓身體習慣運動。同時，不必拘泥運動的種類，要領是慢慢地增加運動量，避免疲勞延續到翌日。無理強求反而會擾亂荷爾蒙均衡，它可以說是萬病之源。

亂服藥物會減弱抵抗力

「一般人指責醫師胡亂開藥，其實一半是患者的責任。因為幾乎所有的患者都認定醫院是附帶診察的藥局。」

一位開診所的醫生就曾如此哀歎。當診斷的結果告訴患者：「這是過勞。只要充分地攝取營養，休息二、三天就可痊癒。」有七〇％以上的患者會問：「醫師，那藥呢？」而且一聽不需服藥即可痊癒，有五〇％以上的患者會帶著不滿的表情或硬要醫生開藥。現實生活中有許多信任藥品勝於醫生的人，也有不少不吃藥則無法安心的患者。

對藥物的信賴不僅是醫生所開的藥，市面出售的藥也視如珍寶。覺得頭疼就吃頭痛藥，打噴嚏就吃感冒藥，飯後一定吃胃腸藥，身體健康但只感到一點不適立即倚賴藥物。

相信各位周遭一定有這樣的人。或許您就是其中一位。這樣的你和討厭藥品的人比較起來，極有可能擅自混亂了荷爾蒙均衡。

有關荷爾蒙劑以外的藥品和荷爾蒙均衡的關係，尚有許多不明瞭之處，但鎮靜劑等會促進催乳激素的分泌，而造成不孕症或性慾減退，如果不慎重使用，極有可能在出人意外之處混亂荷爾蒙均衡。

我們應該認識一切的藥對人體都是毒害。而懷疑任何一種藥都是荷爾蒙均衡的大敵最為妥當。最好不要隨便服用藥品。應該把服藥限定在不得已必須用藥這個毒去殺害病源菌的毒，以毒制毒的情況。然後信任自己體內的自然治癒力，保持安靜。

雖然任何人渴望在病態嚴重之前以藥物挽回健康，但通常會出現反效果。以疾病早期發現的立場而言，藥物還是儘量不吃的好。

心浮氣躁、悶悶不樂是荷爾蒙均衡的大敵

「保持耐性、堅守工作崗位、色淡、少食而心胸寬廣。」

這是受德川家康重託，參與幕府重要政務的天海僧正所唸誦的歌詞。他奉行這個生活守則而擁有一百零八歲的高齡。從現代的醫學眼光看來，這五個項目也適用於做為我們維持健康與養生長壽的秘訣。

堅守崗位所指的是對自己的行動負責。色淡則是不論年紀多大，都要適當地保持好色之氣。以現代的觀點來解釋，性不可貪得，但老後的戀情卻值得推揚，不論長到多大歲數都應意識到異性的存在。

而最重要的是佔居這五個項目中兩項的「保持耐性」與「心胸寬廣」。以現代用語解釋，必須保持悠哉從容的態度，不心浮氣躁，這一點是我們現代人最缺乏的。

目前是人人譬喻為壓力的時代，現代人多多少少都有某種無形的壓力。有些人不僅雙手無法承重，甚至扛在肩上也承受不起，結果造成神經衰弱或自殺。

壓力是荷爾蒙均衡的大敵，身體出現易勞、下痢、常便秘、無精打采等症狀，到醫院檢查卻不明原因。

這種情況是荷爾蒙失調，而混亂荷爾蒙均衡的原因通常是壓力使然。壓力造成的心浮氣躁、悶悶不樂比病源菌對人體的傷害更甚，各位應謹記壓力是健康最大的敵人。

而預防壓力的基本，正是前面所說的「保持耐性」與「心胸寬廣」。

任何人都渴望過著比目前更好的生活，這份向上之心正是激發人生意慾的源頭。但是，向上心和對現狀不滿是不同的問題。總而言之，我們應滿足現狀，然後再積極地朝更高、更大的目標努力。

採取這種生活方式，不但能與心浮氣躁、悶悶不樂的情緒絕緣，財富、成功必隨之而來。

相對地，對現狀不滿的人非但沒有「保持耐性」，只因渴望早日出人頭地、享受富裕生活，利慾薰心下使得心胸日漸狹窄。

在意他人的品頭論足、或看不得他人超越自己，只要鄰居購新車也想隨後跟進，為無聊的虛榮暗自較量、競爭。碰到別人的中傷即悶悶不樂，無法和鄰居一樣擁有新車而心浮氣躁，一點小事都足以破壞整天的心情，究其原因正是咎由自取。

超越向上心的慾望本身已造成莫大的壓力。且當此慾望達成時，長久以來的壓力已危害到健康而成為久臥病床的老人或老人癡呆症，到了這個境地，只令人徒歎人生所為何也？

改善生活的確是大家努力的目標之一，但豐富精神生活更為重要。保持荷爾蒙均衡，維持健康而延年益壽，應該以「保持耐性」「心胸寬廣」為生活信條。

⑷ 荷爾蒙異常的症狀

慵懶無力、心浮氣躁時

荷爾蒙均衡分泌是指在一定的範圍內，依人體的需要，反覆分泌量增減的狀態。如果分泌量一成不變或徒增無減，甚至一路減退，身體均衡必受到破壞，開始有不安定的動搖。就在這個時候，我們會自覺身體有各種不良的狀況。

以下列舉因荷爾蒙失調而出現的一般症狀。

- 身體慵懶無力、容易疲倦。
- 經常心浮氣躁。
- 無精打采、提不起勁。
- 失去食慾（或突然產生旺盛的食慾）。
- 常便秘（常腹瀉）。
- 缺乏性慾（有時會造成陽痿＝男性）。

・生理不順（女性）。
・皮膚粗糙或浮腫。
・容易冒汗（或有畏冷症）。
・難以入睡。
・突然變胖（或吃得多卻一直消瘦）。
・血壓變高（或變低）。

此外，還有不勝枚舉的症狀。目前已知體內擁有數十種荷爾蒙，它們遍佈在全身各地支配整個身體的活動，因此，荷爾蒙失調自然會產生各種症狀。

上述的症狀是比較容易出現，卻稱不上「疾病」的程度，各位或許也有過類似的經驗。當然，如果所出現的症狀是暫時性的，倒不必在意。

肩痠、手腳痠麻、常便秘時

問題是這些症狀已成慢性化的情況。因為沒有高燒、疼痛的症狀，以為是「年紀大的緣故」置之不理，或到醫院診察被診斷是「過度疲勞」而不放在心上，這是一般常見的現象。結果，荷爾蒙日漸混亂，症狀加劇，有可能因此連帶產生其他的症狀。

以下介紹數個例子來分析其中的緣由。

一名二十五歲的上班族，性格一絲不苟、處事積極前進。但是，從數個月前開始變得感情用事，性急、心浮氣躁而易怒。同時，注意力散漫、說起話來速度加快。常冒汗、口喉乾渴、略有腹瀉傾向。食慾亢進，吃得多但體重卻減少五公斤。常有悸動、斷氣之感。

有時吃了甜點或飲酒後會雙腳無力。直到被家人指稱兩眼凸出、喉嚨腫脹才知道身體已有異常。

四十二歲的主婦，五年前覺得頭部脹痛，有氣無力、容易疲憊，整天無所事事，顯得精神恍惚。夏天也少冒汗，有肩痠及手足痠麻的症狀，常便秘，說起話慢吞吞，打電話的聲音也提不起勁，常被誤以為是別人。

體重增加五公斤，眼皮浮腫。生理雖正常但分泌量增多。因此，到附近的醫院檢查，院方指稱是腎炎而接受治療，但情況未獲好轉。

第一例是，因甲狀腺機能亢進造成的巴塞多症，第二例則是，甲狀腺機能減低所引起的症狀，這些例子屢見不鮮。但可惜的是一般人並沒有將身體的不適和荷爾蒙均衡的問題連結一起的習慣，即使身體已出現危險訊號，卻常疏忽而不引以為意。

荷爾蒙異常和其他疾病一樣，只要早期發現即可輕易地回復均衡，但棄之不顧會使失調的狀況慢性化，結果造成上述二例的情況。

為了以防萬一，絕對不可把初期出現的輕微症狀等閒視之。前例舉的症狀是瞭解荷爾蒙失調的指標，平日應注意自己身體的狀況。

如果荷爾蒙無法回復均衡，症狀持續蔓延會有何結果？既然提起甲狀腺症狀的例子，附帶地談一下甲狀腺荷爾蒙和我們性格之間的關係吧。也許有人感到訝異，事實上甲狀腺荷爾蒙的確會對性格、行動力造成極大的影響。

積極邁進、速戰速決的行動力

日本前首相田中角榮在年輕時候是位富有行動力、精力旺盛的人。不論大小諸事一肩挑起，然後迅速地付諸行動，把一切處理妥當。其行動力的根源事實上就是甲狀腺荷爾蒙。

其實應該有多數人已知曉田中角榮先生患有巴塞多症，而從前述實例的說明中也瞭解，巴塞多症是甲狀腺的典型疾病，它是因甲狀腺機能亢進，亦即甲狀腺荷爾蒙分泌過多所造成。據說此類患者為數甚多，男女比例約一比五，是女性常見的疾病。

其中緣由容後再敘，誠如甲狀腺荷爾蒙分泌過剩的田中角榮先生，顯然地表現出富有行動力、速戰速決的性格。你的周遭是否也有這種類型的人呢？處事積極若不採取行動則不罷休。若模擬血型分類而根據荷爾蒙來診斷性格，這種類型可說是甲狀腺機能亢進型。

相反地，也有和這種類型南轅北轍的人，外表顯得安靜、內向、忠厚老實的模樣，但看起來卻是一副有氣無力的神態。這種人和一般人比較，多半誠如前述的主婦一樣，是因甲狀腺荷爾蒙分泌量過低所造成。

和前述機能亢進型相對地，這種人可稱為機能低下型。而屬於中間的類型的人，以荷爾蒙均衡的觀點而言，是正常型的人。

眼睛炯炯有神、肌膚光滑柔嫩

甲狀腺荷爾蒙甚至會改變人的性格。如果原本稀鬆平常的事，卻突然覺得費

甲狀腺荷爾蒙過多或不足會出現以下症狀

①過剩時

②不足時

事、失去幹勁或相反地湧現積極的鬥志與行動力，性格上出現急遽的變化時，最好懷疑是體內荷爾蒙失調所造成。

事實上，一般人體內的荷爾蒙都是一點一滴地慢慢失去均衡，在無形中會改變性格，甚至毫無所覺。與睽違數年的朋友相遇，可能因其性格的變化而吃驚不已，其變化的原因也有可能是因甲狀腺荷爾蒙等荷爾蒙異常。

也許有不少人認為既然甲狀腺荷爾蒙會改變性格，最好不要變成慵懶無力惹人嫌的模樣，而是精力充沛、積極好動的性格才受人歡迎。的確，在這個世上若要與人一爭長短，到底還是甲狀腺荷爾蒙分泌多一點較好。

也是典型的巴塞多症患者，當症狀輕微時她的雙眼炯炯有神，肌膚也顯得柔嫩光亮。這完全是甲狀腺荷爾蒙之賜，對女性而言甲狀腺分泌過剩倒是令人歡迎。

雖然甲狀腺荷爾蒙分泌較多有它的好處，但卻不可任由失調的狀態置之不理。結果可能因賦予我們活動力的荷爾蒙被扯後腿。

犯罪和荷爾蒙異常有關

日本聯合紅軍拘留人質在輕井澤的淺間山莊，最後還演變成一場激烈的槍擊戰，曾經是轟動日本社會版的大事件，而該事件的主嫌永田洋子也是巴塞多症患者。

一名女子卻膽敢凌虐同是紅軍派的伙伴並加以殘殺。心狠手辣，對於一般人無法想像的事，也面不改色的斷然執行，一惱怒幾乎什麼事都做得出來，這都是重症巴塞多症患者的特徵。

當她被逮捕，從其容貌直覺地認為她的病情已相當的惡化，至少虐殺同伴這件事而言，甲狀腺荷爾蒙失調應該是其導火線。某些犯罪案例中可因巴塞多症而酌量減刑，不過，永田洋子並沒有這個特權。

所以，分泌稍多的甲狀腺荷爾蒙雖然有其好處，但是，過量也可能造成犯罪行為。從少年感化院的少年犯常見荷爾蒙異常者的事實看來，怒髮衝冠而失去理智，造成傷害罪或殺人罪等衝動犯罪的背後，似乎隱藏著荷爾蒙失調的肇因。

口渴、尿石

三十五歲，上班族。深夜從右側腹部到右下腹部突然感到發散式的劇疼，尿中有血。從數個月前感覺口喉乾渴而猛喝水，全身肌肉無力、容易疲倦，高爾夫的成績也不如往常。

約一年前在左腹部也出現過類似的症狀，同樣地排出血尿。在醫院檢查的結果，發現右腎臟有結石，同時血中的鈣質增高，頸部有一塊小腫瘤。

這個例子是副甲狀腺出現腫瘍，副甲狀腺荷爾蒙過剩而造成血中鈣質提高，變成腎結石。如果忽左忽右地產生腎結石，最好懷疑是罹患這個疾病，請到醫院檢查。

建築師的成長荷爾蒙

任何人都知道食物是塑造我們身體的材料，有人以為既然如此，只要攝取均衡的飲食，兒童必可自然地成長，事實並不盡然。因為，荷爾蒙仍然佔居重要的職務。

最主要的角色是由腦下垂體所分泌的成長荷爾蒙。由字面即可瞭解，如果成長荷爾蒙分泌太少，即使攝取再多的營養也無法使兒童長大成人，而會變成在馬戲團逗人發笑的侏儒。

但成長荷爾蒙分泌過多時，則會罹患身高二公尺以上的巨人症，或手足偏大的末端肥大症。日本著名的摔角選手馬場就是其中一例。他的手腳也相當大。

不過，和馬場同樣高頭大馬，也是角力界一號人物的北尾關，卻沒有巨人症或末端肥大症的傾向，所以，不可因身材高大就認定是成長荷爾蒙分泌過剩。

身材超越常人地高大、手足及舌頭粗大、前頭部和下顎突出而呈中央凹陷的三日月形臉孔，乃是巨人症或末端肥大症的特徵。

「長高藥」大量生產

成長荷爾蒙具有提高身高的功能，因此，將其做為侏儒的治療應可使身高提高。但是，以往只能從死人的腦下垂體抽取成長荷爾蒙，而一名患者治療一年時間，必須有五十人份的腦下垂體，價格昂貴而供應量少，幾乎是供不應求的狀態。

以日本為例，現今約有六千名的患者，據說具有治療效果的成長患者約佔半數的三千人。長期接受治療的患者約二千二百名，但必須由日本成長科學協會根據需要程度決定順位，並規定男子身高達到一六〇公分、女子達到一五〇公分即停止使用，儘量地讓少量的成長荷爾蒙，供給更多的患者平均使用。

但是，最近新開發的基因組合技術已可以大量製造成長荷爾蒙。將製造成長荷爾蒙的基因輸入大腸菌內，利用大腸菌的旺盛繁殖力，大量製造荷爾蒙。

日本繼胰島素之後，也提出成長荷爾蒙的輸入申請，研究小組隨即進行臨床試驗。如此一來，原本一年只升高一、兩公分的兒童，在半年平均身高提高四公分，顯現出加倍速度的成長結果，同時沒有任何副作用。

由於上述的努力，成長荷爾蒙已可以利用於矮小者，提高身高的治療。誠如後述，如果使用在性荷爾蒙分泌量增多的思春期前，可自由自在地提高身高。而目前在美國正對於身高不滿平均高度的兒童，是否也注射成長荷爾蒙，使其達到平均高度的問題產生重大的議論。

不僅是所注射的荷爾蒙對其他荷爾蒙造成的影響，這也關乎是否會混亂荷爾蒙均衡的醫學方面的問題，還包括日常生活並無障礙，卻擅自改變身高的倫理方面的問題。但在日本對於侏儒症的治療，厚生省的方針是允許進口荷爾蒙。

停止骨骼成長的性荷爾蒙機能

如果食物是提高身高的材料，荷爾蒙可比譬為有效地運用材料而塑造身體的技師。而設計圖則是從父母身上繼承而來的基因。

但這張設計圖和建築大廈的圖稍有不同。若是高樓大廈，只要是十樓建的設計圖，即使材料再豐富，也不能搭成十五樓或二十樓建的大廈。

但是，我們的身體只要有豐富的材料，其餘則委任建設技師的裁量。由於飲食生活的改良，台灣人的矮小體格也漸漸能與歐美人相提並論，這完全拜荷爾蒙技師的均衡作用所賜。

成長荷爾蒙的體內技師會將血液中的氨基酸變化成血、肉，並促進成為人體基幹的骨骼發育。以大廈的建設為譬喻，就是累積成為支柱的鋼筋，然後灌注水泥的工作。

但是，將放置在建材室的鋼筋搬運到大廈的工地，是其他技師的工作。促進骨骼的發育是甲狀腺荷爾蒙的機能。因此，即使成長荷爾蒙汲汲營營的勞動，如果這些荷爾蒙怠惰本職，仍然無法變高而成侏儒症。

由此可見，我們的身體是在甲狀腺荷爾蒙與成長荷爾蒙的相輔相成之下而增長，但若任由這種荷爾蒙大肆發揮其機能，身高會一再地增長，結果任何人都變成巨人症。為了預防這個缺失，當身高成長到某種程度時，就是男性荷爾蒙與女性荷爾蒙大展身手的時候。

早婚易患癌症

提起性荷爾蒙，至今尚有許多人認為它是與性交有關的荷爾蒙，其實，此外還有許多性荷爾蒙大展身手的領域，對骨骼的作用就是其眾多機能之一。

第一、女性荷爾蒙會塑造女性化、纖細瘦削的骨骼，而男性荷爾蒙則建立男子氣概的強壯骨骼。

第二、這兩種荷爾蒙會對骨骼發育產生作用，避免其過度的成長。此後即使分泌再多的成長荷爾蒙，骨骼也不能有更大的發育。一般人的身高在二十歲左右已定型正是這個緣故。

最近，十幾歲少男、女的性問題已變成社會問題之一。據說不僅是高中生，年紀更小的國中生已有人體驗禁果，性開放的程度令人驚訝。

而十歲層少男、女的早婚，也是醫學方面一個重大的問題。少男極有可能罹患前列腺癌，少女則罹患子宮癌的機率變高。

如果各位育有十歲層的兒女，請務必告知他們有關荷爾蒙的事情。「受性行為的刺激而提高性荷爾蒙的分泌，原本還會長高的身材會停止生長。也容易罹患癌症！」雖然這種說詞有點誇張，但這樣的說明方式應可使兒童們理解其行為的疏失與否。

戀愛中的人是否變美麗？

常聽人說戀愛中的女人最美。也許你也有親身的體認吧。各位只要看周遭親戚朋友結婚時所展露的笑容，即可印證這句話的真實性。

從影視明星的分分合合看來，透過電視的確可以發現談戀愛時的女性，的確顯得妖豔美麗，而失戀或分手所承受的壓力乃是毀壞女性美貌的大敵。

當戀愛路上走得一帆風順，精神方面也變得充實。身體內部各器官活潑地運作，舉止行動也顯得神采奕奕。而且，異性的刺激與意中人的性關係，會使女性荷爾蒙的分泌變得活潑，使女性的肌膚顯得柔嫩光滑。

即使是在老人院度過餘生的女性，只要談起戀愛肌膚也會有返老回春之感，所以，女性荷爾蒙的均衡分泌，是維持女性美麗的最大關鍵。

詳細情形在第二章深入地說明，總而言之，滑溜柔嫩的肌膚是得利於女性荷爾蒙的分泌與維持。相反地，男性荷爾蒙會使皮膚粗糙變厚，還具有使皮膚表面分泌脂肪的作用。

而男性荷爾蒙並非男性特有的荷爾蒙，在女性體內會由副腎皮質分泌男性荷爾蒙。因此，女性荷爾蒙的分泌減弱，會受到男性荷爾蒙的較大影響，結果皮膚乾裂（如男人的肌膚）或長青春痘。

失戀或精神壓力會造成女性肌膚粗糙，也是這個原因。從這一點看來，女性荷爾蒙可以說是維持美麗肌膚的基礎化妝品。

尤其是女人，若有比自己年小十歲、二十歲的男友，通常會渴望擁有年輕美貌，不願意暴露年老的醜態。因而為了維持美麗，不惜犧牲最大的努力。做運動、美容體操或特別留意睡眠不足、過勞等。這些努力當然可以維持具有彈性而細緻的肌膚。同時，年輕男子熱情的性行為，也會促進女性荷爾蒙的分泌。

基於這些優點，相信今後老少配的情況將與日俱增，也許在五年後、十年後已變得稀鬆平常而不足為奇了。也許未來的時代，女性將和男性一樣地以擁有年少的情人自豪。

總而言之，戀愛的確會使女人變得更美。以日本女星松坂慶子等為例，常談變愛的女人多半會比實際年齡年輕許多。

即使是已婚的女性，不妨注意一下丈夫以外的男人（並非越軌）。為了保持美麗肌膚，可嘗試精神之愛。因為它可以使女人意識到自己身為女人，而促進女性荷爾蒙的分泌。

同樣地，男性若常談戀愛或與年輕女子交往，會促進男性荷爾蒙分泌，有助於維持男人氣概並可預防老化。

從內分泌的立場而言，「談戀愛會變美麗」是千真萬確的事。

胎兒期的性荷爾蒙異常可能造成同性戀

「從背後看起來分不出是男或女」。現今男子流行蓄長髮，令不少中老年人呼嘆世風日下。但是，更令人驚訝的是，有越來越多的年輕人，從前面看起來也分不出性別。非但如此，投入同性戀陣營者日漸增多。

造成同性戀的原因通常被認為是幼兒經驗、生活環境或對異性不信任感等後天的因素，但根據美國的調查發現，有不少人是因先天性的因素而帶有同性戀的傾向。而先天性的因素有性染色體異常及胎兒期性荷爾蒙的異常。

性染色體是決定性別的基因，卵子擁有一個稱為X染色體的基因。而精子則擁有X染色體及Y染色體兩種。

根據擁有那一種染色體的精子與卵子結合，自然地決定嬰兒的性別。譬如，擁有X染色體的精子和卵子結合後，變成兩個X染色體，XX於是誕生女子，相反地，擁有Y染色體的精子若和卵子結合，所得的染色體組合是XY，於是出生男孩。

由基因決定性別稱為「性染色體的性」。一般而言，這是天生具有的性別，奧林匹克運動大會的性測驗是調查性染色體，藉此判斷是否真的是男性或女性。從前曾發生參加奧林匹克大會的女選手，經過性別測驗發現竟然是個男的。

從小被當做女孩教養，當事者也深信自己是名女性，但性染色體卻是XY的組合，應是個男人，而自以為是男人，但性染色體的判定卻是女人的例子，也屢見不鮮。因為，雖然決定性別的是染色體，但是，實際上支配性器結構的是荷爾蒙的機能。

胎兒的外性器，由於原本具有女性器的傾向，不論染色體是XX或XY，都會因其性器結構而產生膣口變成女性器。因此，若懷男孩，從懷孕十一週到十八週，會分泌足以和成年男人匹敵的大量男性荷爾蒙，藉此形成陰莖或陰囊等男性器官。

如果這時荷爾蒙失去均衡，男性荷爾蒙的分泌變少，出生後的嬰兒外表上會看似女孩，而成半陰陽人。

胎兒若是女孩也是一樣，當男性荷爾蒙分泌過多，外性器會變成男性或呈半陰陽人。一般人總以為男性荷爾蒙是男人的荷爾蒙，其實女性也會從位於腎臟上方的副腎分泌男性荷爾蒙。

而且從胎兒期也會因男性荷爾蒙分泌過剩而罹患先天性副腎性器症候群。罹患這種疾病後，不僅外表看似男孩，長大成人後體格也會像一般男人孔武有力。

另外，有些人會因在女性的副腎或卵巢上長著分泌男性荷爾蒙的腫瘍而變得男性化。

犯罪者常見性染色體異常

由此可見，嬰兒的性器是男或女和荷爾蒙均衡有關，這與前述的「染色體的性」相比較而稱為「荷爾蒙的性」。唯有這兩種性一致才是正常的男人、女人。

不過，世間有不少這兩種性不一致的人。據說有這種異常的人多半是同性戀者。

正常女性的性染色體是XX，如果是缺乏一個X的XO情況，會罹患稱為「托爾諾（Turner）症候群」的先天性發育遲緩症，出現侏儒症、無月經、豬頸等症狀。

而正常男性的性染色體是XY，如果多一個X而成XXY的情況，則會罹患「Klineselter症候群」（男子的性分化異常）造成陽痿或不孕的原因。

目前已證實染色體異常和犯罪也有關係，譬如，XXYY等Y染色體數較多者，性格會變得凶暴，通常也帶有智能障礙或性格異常。

這兩性染色體異常的人意外地多，以人口比表示，五、六百人中就有一人，的確疏忽不得。

若是荷爾蒙均衡的異常，多半可以藉由治療回復，但如果是染色體的異常，目前尚無治療的方法。被害者的處境雖可憐，但站在醫師的立場，必須在精神醫院或監獄度過半生的患者也令人同情。

不過，據說最近男、女同性戀者之間有多數人接受性轉換手術。利用手術攪

荷爾蒙分泌過剩與不足所造成的疾病			
	荷　爾　蒙	病　　名	主　要　症　狀
分泌亢進、過剩時	成長荷爾蒙	末端肥大症、巨人症	末端肥大、下顎凸出、容貌變化、手足增大、多毛、發汗、頭痛、視野或視力障礙
	催乳激素	無月經、乳漏症候群	無月經、不孕、乳汁分泌過多、陽痿、視野或視力障礙
	副腎皮質刺激荷爾蒙（可基佐爾）	顧盛（Cushing）症候群	月球表面臉、青春痘、多毛、無月經、高血壓、糖尿病、憂鬱症、腎結石
	甲狀腺荷爾蒙	巴塞多症	甲狀腺腫、眼球凸出、悸動、發汗、手部顫抖、下痢、記憶力減弱（四肢麻痺）、心脈不整、心浮氣躁
	副甲狀腺荷爾蒙	副甲狀腺機能亢進症	多飲、多尿、血尿（腎結石）
	副腎皮質荷爾蒙	原發性Aldosterone症	多飲、多尿、四肢麻痺、高血壓（頭痛、肩痠、目眩、耳鳴）
	新腎上腺素副腎髓質荷爾蒙	褐色細胞腫	高血壓、糖尿病、頭痛、發汗、心悸、消瘦
分泌減弱、缺乏時	成長荷爾蒙	侏儒症	兒童成長減退、低血糖
	性腺刺激荷爾蒙（男性荷爾蒙、女性荷爾蒙）	性機能減弱	無月經、陽痿、腋毛或恥毛脫落、性器或乳房萎縮
	催乳激素	催乳激素缺乏症	泌乳低下、乳房萎縮
	副腎皮質刺激荷爾蒙	副腎皮質機能低下症（副腎原發性慢性副腎皮質機能低下症）	低血壓、低血糖、噁心、嘔吐、下痢、發熱、倦怠感、打擊
	甲狀腺刺激荷爾蒙	先天性甲狀腺機能低下症	畏寒、皮膚乾燥、脫毛、浮腫、便秘、貧血、高膽固醇血、智能低下、老人癡呆症
	抗利尿荷爾蒙	尿崩症	多飲、多尿、脫水（學習力減低？）
	副甲狀腺荷爾蒙	手足搐搦	痙攣、脫毛、白內障、智能低下
	胰島素	糖尿病	多飲、多尿、動脈硬化、心肌梗塞、尿毒症、陽痿、白內障

亂荷爾蒙的均衡，應該會有各種不良的影響。

但也會有令人錯覺地以為變成真正女人的情況。這些人通常是「性染色體的性」或「荷爾蒙的性」本身就有異常。

另外，在動物實驗中發現也有所謂的「腦的性」。譬如，以老鼠做實驗，在新生兒期的雌鼠上注射男性荷爾蒙時，不僅不會產生月經，雌鼠甚至會有雄鼠的性行為。

從這些動物實驗而有人推測，人類的男性之所以沒有月經的性週期，是在新生兒時期大量地分泌男性荷爾蒙，使得「腦的性」也男性化的緣故。

總而言之，這些異常都是在偶然的機會中所發現，相信在現實社會中存在著許多各式各樣的中間性的人。

鍼麻醉手術必須荷爾蒙的配合

各位是否知道，我們的腦內也會製造堪稱麻醉藥代表的瑪啡，及具有相同機能的圓得爾辛荷爾蒙？

換言之，我們的體內存在著瑪啡，但存量極微無法和麻藥中毒患者所使用的量相提並論，絕對不會引起中毒症狀。非但如此，當我們感到痛苦時，體內會分泌這種荷爾蒙，緩和我們所感到的痛苦。它具有鎮痛藥或精神鎮定劑等功能。

雖然至今尚無法瞭解鍼麻醉何以奏效的原理，但根據研究發現，利用鍼治療會增強血液中的圓得爾辛。

所以，荷爾蒙也可以說是我們體內所製造的天然藥。它是一般市面的藥品無法比擬的特效藥。除了圓得爾辛外，如由副腎皮質所分泌的荷爾蒙，有助於我們預防燙傷或受傷時的發炎與感染。

而最近在心臟所發現的具有利尿作用的荷爾蒙，其效果比以往的利尿劑強過千倍。

而胃、腸的黏膜也會分泌二十種左右的荷爾蒙，它們的功能是促進消化管機能的順暢，有如胃腸藥一般。最近在各醫學會紛紛矚目消化管荷爾蒙的神奇合作效應，甚至已成為談論的話題。

做為特效藥的荷爾蒙劑一再開發

此外，荷爾蒙會在我們的全身發揮藥物作用。降低血壓的藥、提高血壓藥、減肥藥、促進心臟機能活潑的藥、生髮藥、強精藥等，有關這些功能在第二章會慢慢詳述，而製造出如此眾多荷爾蒙的人體，可稱得上是一大製藥廠。

當然，現代的醫學不會坐視如此神奇的特效藥不顧。除了一再地合成成功也進行改良。目前不僅是在人體內，也有許多真正的製藥工廠製造荷爾蒙藥劑。

尤其是副腎皮質荷爾蒙劑等和安眠藥、抗生物質等並肩齊驅，成為世界上最大量生產的藥品之一。這些是因為荷爾蒙驚人的效果所致，由於它能對皮膚病、風濕，甚至部份的癌症發揮特效性，自然會盛行於世。

但是，副腎皮質荷爾蒙在合成之間是相當貴重的物品。因為一次注射必須要四十頭牛的膽汁，若治療一年則要一萬五千頭左右的牛膽汁，以數十年前的金錢價值而言，二十萬美金委實令人咋舌的費用。而現今幾乎垂手可得，科學的進步令人讚嘆不已。

今後將有不同的荷爾蒙劑陸續開發。甚至有專家指稱，數年後荷爾蒙相關藥品將佔居全藥品的大半。

「二十一世紀是荷爾蒙的時代」，這句話絕非誇大其詞。相信各位將有越來越多的機會聽到荷爾蒙或荷爾蒙均衡之類的語詞。

為了避免屆時的疑惑，且能巧妙地運用荷爾蒙度過快適的日子，現在正是你注意荷爾蒙並培養荷爾蒙正確知識的時候。

第二章

左右美容與生理的荷爾蒙均衡

(1) 健康美的大敵——生理不順

支配女人一生的女性荷爾蒙

男女之所以不同，實在有許多不可相提並論的差異點。除了生殖器的構造、外型之外，骨骼的粗細、皮膚的厚薄、生殖等差異幾乎不勝枚舉。男女之間何以有如此大的差異？其原因只有一個，亦即延續子孫。

男女從認識到相愛，結果女性懷孕而生產。男女間的差異點對異性而言就是魅力。而造成男女之別的是性荷爾蒙，誠如前述，男性荷爾蒙會建立男性化的軀體，女性荷爾蒙則塑造女性化的肉體。

尤其是女性，由於肩負著懷孕、生產的重要任務，女性荷爾蒙的影響特大。而控制胸部發育、肌膚美麗等女性美的也是女性荷爾蒙，所以，各位應可確實地體認其真實性。

從女性荷爾蒙的分泌狀態，可大致將女性的一生區分為幼兒期、思春期、成熟期、更年期、老年期等五個期間。幼兒期只分泌極微量的女性荷爾蒙，因而在外觀上和男孩並沒有太大的差異。

但是，從國小低年級開始會慢慢地增加女性荷爾蒙的分泌量，於是胸部隨之發育，腰部也豐腴，慢慢變成玲瓏有緻的女性體型。同時，長出腋毛及陰毛，然後經歷初潮。

不過，思春期中雖分泌建立女性體格的卵胞荷爾蒙，卻未充分地分泌排卵所必要的黃體形成荷爾蒙。因此，初潮來後的初期，半年到兩年間可能會持續無排卵的無排卵性月經。

當黃體形成荷爾蒙充分地分泌時，羞澀的少女才搖身一變為女人而進入成熟期。這是談戀愛、結婚、生育等體驗身為女人幸福的時期，從另一個角度而言，也可說是克盡身為女性責任的時期。

在這過程中，若是健康的女性，除了妊娠期間外，女性荷爾蒙會以一定的週期均衡地分泌。

便秘、畏冷症的原因是荷爾蒙失調

到了更年期有如回復思春期一般，有時會有無排卵性月經，經過一～二年後則到了停經的時期。

卵巢機能漸漸衰微，卵胞荷爾蒙和黃體荷爾蒙的分泌量也減少，因而腦下垂體會一再地下達「出了什麼問題？儘量分泌！」的命令，於是分泌比成熟期高達五～十倍的卵胞刺激荷爾蒙、黃體形成荷爾蒙。

這些荷爾蒙的失調，正是更年期障礙的原因，有關這一點容後詳述。

停經並非像關水龍頭一樣，立即停止女性荷爾蒙的分泌。雖然有各人體質的差異，但卵胞荷爾蒙在停經後十年左右還有相當程度的分泌。

但由於卵巢機能持續減弱，不久即面臨老年期。卵巢所分泌的荷爾蒙極少，最上層的腦下垂體所分泌的性腺荷爾蒙，也漸漸地減低分泌量。

與分泌情況如此複雜的女性荷爾蒙相較起來，男性荷爾蒙在思春期增加分泌後，幾乎會保持一定的分泌程度直到六十五歲，從此之後，圓滑的曲線慢慢地減弱。

男性荷爾蒙分泌量的變化極少，幾乎無法和女性荷爾蒙相提並論。而且所有的男性荷爾蒙即使有效果上的差異，作用卻幾乎相同。相對地，女性荷爾蒙中有作用完全相反的卵胞荷爾蒙和黃體荷爾蒙兩種。

換言之，在性荷爾蒙方面，女性呈現較複雜的分泌情況，因而荷爾蒙均衡也較容易混亂。有多數女性出現便秘、畏冷症等所謂的婦女病，正是這個緣故。

從以上的說明，各位應可認識預防婦女病、保持女性美的必要條件就是女性荷爾蒙均衡地分泌。

太多忽視性週期的女性

從思春期的初潮到更年期，在女人的生命力旺盛的四十年左右之間，令人厭煩卻必須長久相伴的是月經。有人戲稱：「男人的一生由月薪支配，而女人的一生則被月經操縱。」以成熟期而言，這句話一點也不假，女性的作息可說是受月經支配。而月經背後的主導者是女性荷爾蒙。

腦下垂體分泌的卵胞刺激荷爾蒙和黃體形成荷爾蒙，以及卵巢分泌的卵胞荷爾蒙和黃體荷爾蒙，事實上就是這四種荷爾蒙巧妙地取得均衡，造就了包括月經的女性性週期。其中若有一種荷爾蒙分泌週期紊亂，整個性週期會失去均衡，造成月經來遲或提早。

從這一點看來，是否有規則的月經，乃是判斷荷爾蒙是否處於均衡狀態的重大指標。

但是，意外的是有許多女性似乎對性週期毫不關心。譬如，四十～五十日之間只來一次月經的女性，也習慣每次都以這個週期來經的情況，只有少部份人會找專門醫師洽談。

月經不順者也是同樣的情況。在診察上因必要而詢問月經週期時，令人驚訝的是，有許多女性一副無所謂且自信滿滿地說：「我的週期不順。」週期不順的原因乃在於女性荷爾蒙失調，結果造成無法維持女性的機能及女性美，但這些患者卻毫無所知。

唯有這樣的女性才會有肌膚粗糙、滿臉青春痘的煩惱，或為更年期障礙而感到痛苦。各位女性至少應致力於改善睡眠不足或過勞、不規則的生活狀態，憑自力保持荷爾蒙均衡，而在這個情況下也無法維持性週期安定時，應找專門醫師商量。

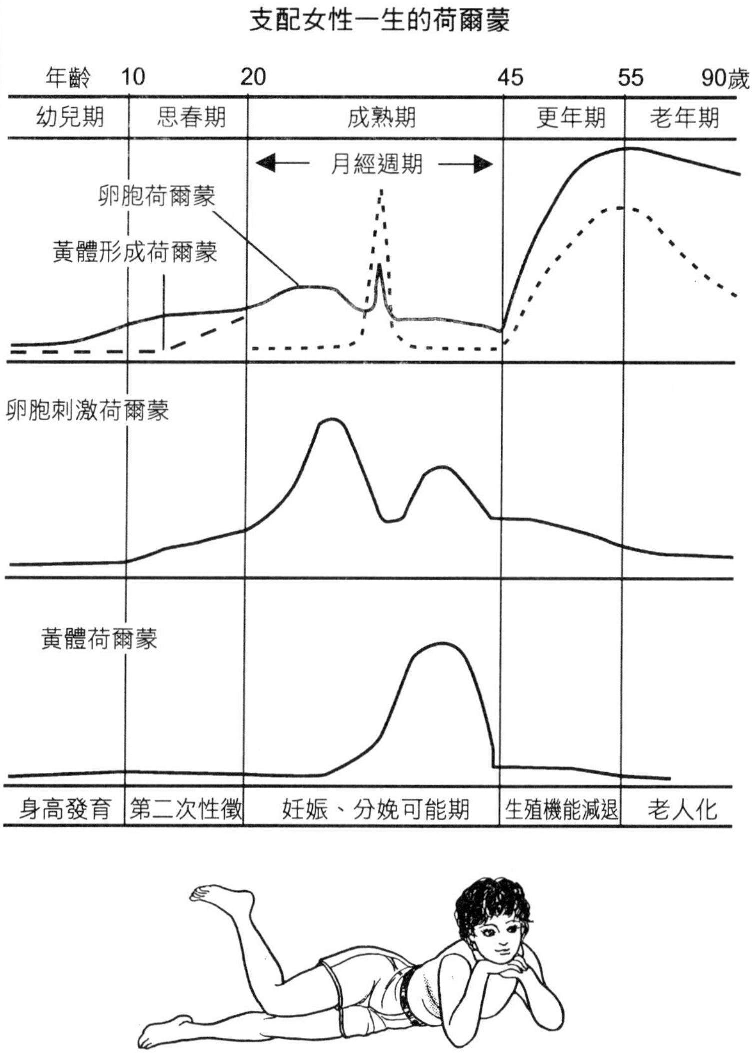
支配女性一生的荷爾蒙
年齡 10 20 45 55 90歲
幼兒期
思春期
成熟期
更年期
老年期
月經週期
卵胞荷爾蒙
黃體形成荷爾蒙
卵胞刺激荷爾蒙
黃體荷爾蒙
身高發育
第二次性徵
妊娠、分娩可能期
生殖機能減退
老人化

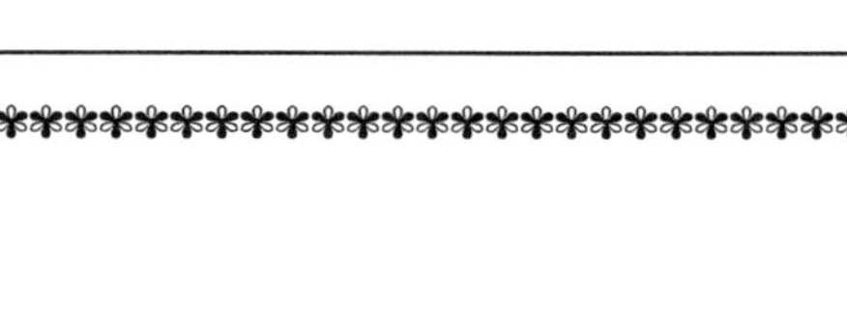

月經只不過是女性性週期中可以自覺的一小部份而已。女人的體內正進行著複雜的作業，如果任由月經異常不顧，對身體將造成嚴重的不良影響。

月經異常的原因是荷爾蒙失調或壓力

妳的月經正常嗎?如果符合以下三個條件，應屬於正常。

①週期……據說東方人的平均週期是二十九日，但只要是在二十二～三十四日以內都屬於正常。

②月經期間……三～五日

③月經出血……二十九歲以前約有一一〇～一三〇CC，三十歲以後漸漸減少，三十五歲以上約是三五～六〇CC。

不符以上三條件者稱為月經異常。主要的月經異常有頻發月經、稀發月經及月經不順。這些情況有時可以服用荷爾蒙劑而輕易地治療。

當然，偶爾生理來遲一星期或提早一星期也不必擔心。譬如，因失戀的打擊或與朋友發生糾紛，所造成的壓力而混亂月經週期等。

旅行、搬家、轉職、職務異動等精神上產生負擔時，有不少女性的月經週期會立即混亂。碰到這種情況只要保持情緒安定，習慣環境變化之後通常會恢復正常。

誠如前述，壓力是荷爾蒙均衡的大敵，而女性則會以性週期的異常明顯地呈現出來。

因為女性荷爾蒙的失調會對視床下部或腦下垂體造成不良影響，甚至會攪亂其他荷爾蒙的均衡。

相反地，其他荷爾蒙的失調也會造成月經不順，或視床下部、腦下垂體本身出現異常而造成女性荷爾蒙的失調。這些情況都應儘早找專門醫師商量。

生理期間或血量的異常有時也和荷爾蒙有關。尤其是三十五歲以後出血量增多時，罹患子宮肌瘤或腺腫瘤的可能性極高，應接受精密檢查。

月經過多又有鼻血、皮下出血、牙齦流血等症狀，應懷疑是否為血液病。尤其是帶有貧血且臉色差的人應特別注意。

自我診斷女性荷爾蒙的均衡

「月經如期來潮，卻無法懷孕。」

據說以此為由而口氣略有埋怨，原因出在丈夫身上的太太，意外地多。多數的女性只要有定期的月經幾乎都有懷孕能力，因而也難怪這些太太們會把不孕的原因，認為是丈夫身體有所缺陷。

但是，經過調查發現有較多的原因是出在妻子身上。其原因之一是無排卵月經的異常。雖然月經定期來潮，卻沒有排卵，自然無法受孕。但何以月經來潮而不排卵呢？

第一個原因是卵胞刺激荷爾蒙的不足。缺乏這種荷爾蒙，卵胞不能充分地成熟而無法排卵。

第二個原因是卵胞刺激荷爾蒙和黃體形成荷爾蒙的失調。排卵必須有一定量的卵胞刺激荷爾蒙和數倍的黃體形成荷爾蒙，達到一定的比率時才能產生。所以，兩種荷爾蒙如果失調，即使卵胞已經成熟也無法排卵。

無排卵月經的主要原因可以說是女性荷爾蒙的失調。「規則的月經是荷爾蒙均衡安定的指標」，這項原則的唯一例外就是無排卵月經。

由於月經如期來潮，使得前述的太太無法察覺自身的異常。有不少女性在不知情下結婚，婚後由於一直未受孕而接受檢查，結果才發現自身的異常。

因此，即使月經定期來潮，為了慎重起見，首先應自己檢查是否是無排卵月經。

檢查的方法非常簡單，只要利用基礎體溫的測定。似乎有許多女性以為基礎體溫的作用是為了避孕，這個觀念等於是賓主易位，其實，基礎體溫本來是做為瞭解女性荷爾蒙的分泌狀態，而將其應用於避孕法或妊娠的早期發現。

從基礎體溫表可看出是否流產

女性的體溫並非恆溫，其中有低溫期和高溫期的變化。請看九十八頁的基礎體溫表，月經開始後到排卵日之前處於低溫期，排卵日之後到下次月經之前是高溫期。

低溫期和高溫期壁壘分別，而性週期也以一定的週期反覆，即可表示妳是荷爾蒙均衡處於正常，身體健康的女性（圖①）。

而女性體溫的變化是因卵胞荷爾蒙具有降低體溫的機能，而黃體荷爾蒙具有提高體溫的作用。換言之，月經之前到排卵日之前，黃體荷爾蒙的分泌較少，而卵胞荷爾蒙多量分泌的結果使得體溫變低。

測量基礎體溫可瞭解荷爾蒙異常

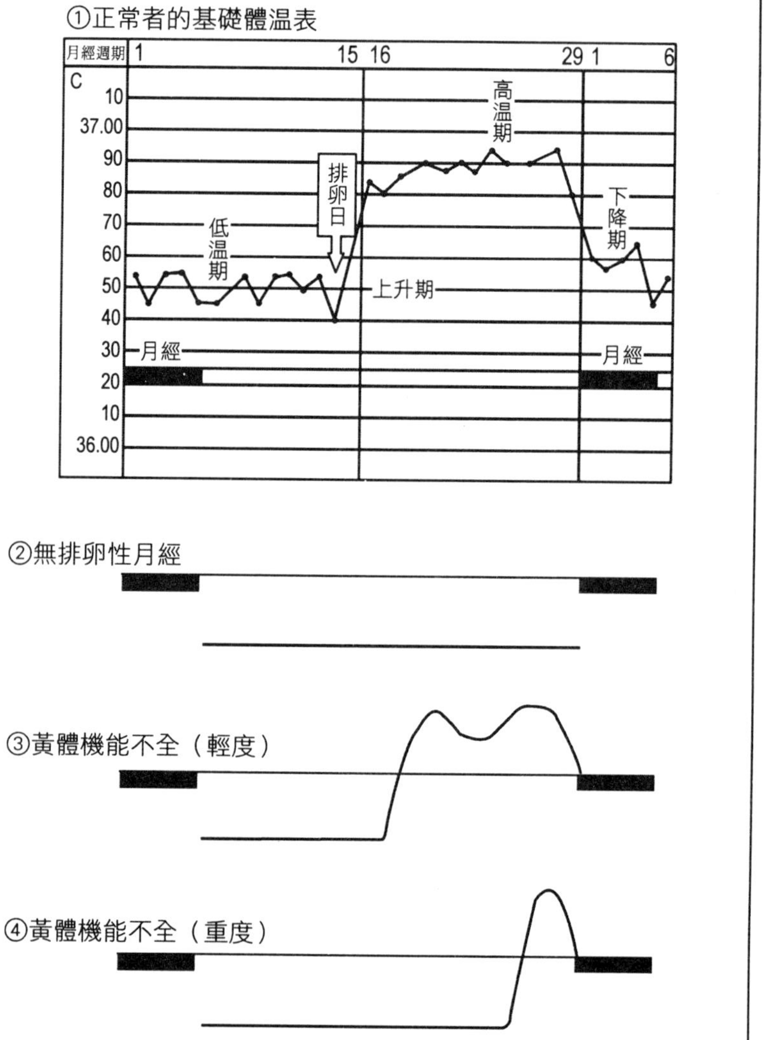

從排卵日開始，黃體荷爾蒙開始多量分泌，由於黃體荷爾蒙多於卵胞荷爾蒙使得體溫上升。

至於無排卵月經的情況又如何呢?既無排卵就無黃體荷爾蒙的分泌。如圖②所示，體溫不上升而持續低溫期。圖③和圖④都是黃體機能不全的例子。

由於黃體形成荷爾蒙的分泌異常，排卵後的卵胞無法黃體化，甚至造成黃體荷爾蒙分泌的混亂。圖③是比較輕微的情況，圖④則是完全的異常，這種女性即使懷孕，流產的可能性相當高。

以上僅介紹數例，但由此可見基礎體溫表不僅能告知荷爾蒙均衡的異常，也能具體地指示那一種荷爾蒙分泌失調的狀況，委實是珍貴的資料。

也許有人認為每月測定基礎體溫是件麻煩事，但至少半年做一次基礎體溫測定，自我診斷女性荷爾蒙的均衡。一旦發現異常，拿著基礎體溫表到醫院接受診查。雖然只是平時的一點留意，但它卻可以說是維持身為女性的魅力與健康的最大關鍵。

月經痛是子宮傳達的危險訊號

月經期間只有性器所排出的血液，此外並沒有任何異常，但這樣的女性為數甚少。雖然有個人差異，但多數的女性會有不快感，但某種程度的不快感是理所當然的生理現象。

頭痛、腹部鼓脹或疼痛、頻尿、肩痠、容易疲勞、心浮氣躁等，個人的症狀不一而足，但只要對日常生活不會造成障礙的程度，並不用擔心。因為這些症狀是血液中的女性荷爾蒙減少所出現的暫時症狀，伴隨子宮收縮而產生。子宮內膜的增殖部剝落時，會藉由子宮收縮將其從子宮頸管推出膣口。

彷佛按裝水的滴管上部使水噴出的原理一樣，利用子宮收縮的力量將月經血輸送到膣部。而子宮收縮時會感到腹部的不快或疼痛。

問題是月經痛劇烈的情況。下腹部的中央從子宮周邊產生的疼痛，漸漸擴散到腰或下腹部全體，疼痛增劇持續數分鐘，以二十分鐘左右的間隔反覆疼痛。

症狀嚴重者還有疼得冒冷汗或有嘔氣、腹瀉等症狀。這類症狀稱為月經困難症，它已不是生理現象，而是某種疾病造成。

以下介紹曾經被救護車送到醫院檢查的一位二十六歲未婚女子的例子。她從二十二歲左右開始有月經痛，此後疼痛一再加劇。據說到醫院之前因劇疼而無法上班，每次來經都要休息兩天。

她以為月經痛為時已久，並非突然的劇疼，忍耐兩天疼痛即可消失，於是擅自購買市面上的鎮痛藥服用，以暫時捱過疼痛。

以她的情況而言，疼痛漸漸加劇應懷疑是子宮內膜症。診斷結果不出所料，是外性子宮內膜症，必須手術但所幸不需割除子宮，乃是不幸中的大幸。

貧血應懷疑子宮肌瘤

另一個必須認為是造成月經痛原因的是子宮肌瘤。據說三十歲層的女性，五人中有一人罹患子宮肌瘤，這是天生具有的如肉芽狀的肌瘤，因為荷爾蒙的刺激漸漸變大。這種疾病會有貧血現象，在醫師之間已普遍認為「貧血應懷疑是子宮肌瘤」。

肌瘤本身是良性，無需過度驚慌，但如果變大且壓迫到膀胱或直腸時，則變成過多月經或月經痛的原因。

子宮內膜症或子宮肌瘤，通常是造成月經困難症的原因，此外，還有子宮發育不全、子宮位置異常、子宮癌等原因。

不要疏忽月經痛，若有異常的疼痛應接受檢查。藉此特別強調，這是預防內性器疾病的決定關鍵。

根據以上的說明，有關月經痛的問題，內性器本身的異常所造成的情況遠比荷爾蒙均衡的影響來得多。不過，內性器並無任何異常，卻有劇烈疼痛的女性，是其血液中增加了前列腺素（Prostaglandin）與荷爾蒙類似的物質。

夫婦吵架的原因是性週期

「毫無理由地覺得心浮氣躁，動輒對老公發脾氣，結果夫妻大吵一頓。」

「平常無所謂的事情，當時卻莫名地感到憤怒而對兒女大發脾氣……」

「事後回想，怎麼會有那麼愚蠢的過失。」

讀者也許有類似的經驗。世界上並沒有完美無缺的人，有時莫名其妙對丈夫或孩子的言行舉止發怒也莫可奈何，任何人也都有一疏忽而犯下過錯的情況。

不過，這類情況往往集中在基礎體溫表的高溫期，亦即排卵後到下次月經之間，這個事實不容忽視。因為妳的言行舉止有可能是月經前症候群的症狀。

這和月經困難症的症狀非常類似，特徵是不出現在月經期間，而從月經前二週左右開始慢慢出現症狀，隨著月經的來潮即消失。

最具代表的症狀是心浮氣躁、不安、嘔氣、疲勞感、頭痛、失眠等，此外還有浮腫、乳房疼痛或腫脹、濕疹、便秘、下痢、腰痛、下腹痛等形形色色。由於這些症狀交疊重複，無意識中會對家人亂發脾氣或在工作上犯下過失。

更重大的問題是出現月經前緊張症的症狀者相當多。根據日本金澤大學醫學部的調查，據說該大學附屬醫院婦女科的診察患者一六三五人中，約有三十%出現這種症狀。

那麼，為何會出現這些症狀，目前尚未瞭解其原因。據推測可能是卵胞荷爾蒙的量過多於黃體荷爾蒙的量，亦即女性荷爾蒙失調所造成，但尚未獲得確證。

不過，實際上給患者服用黃體荷爾蒙，症狀會轉好，所以，主要是利用黃體荷爾蒙做為治療法。最近，由於月經前症候群症狀和低血糖、維他命E不足的症狀類似，因而有人提倡利用預防低血糖、補充維他命E的飲食療法。

低血糖的預防是減少砂糖、咖啡因飲料，一日三餐的飲食改為少量多餐制，換言之，建議患者採取使血糖質維持在較高狀態的飲食法，而維他命E的補充則攝取豬肝、蜂蜜、魚類、豆類、蛋等。

預防更年期障礙的荷爾蒙均衡

「覺得頭痛或跑步後心臟鼓動不已、肩痠……」

越來越多的女性有這類的苦訴。尤其是最近，二十歲層、三十歲層生命力最為旺盛的女性們，有越來越多出現這種症狀者。藉由精密檢查若能發現異常，必可消除其障礙，但多數患者並沒有器質方面的疾病。

內臟方面毫無異常，卻有頭重、目眩、下半身畏冷、無法熟睡、腰身慵懶、臉面紅脹、容易疲倦等症狀，從前有許多醫師並不在意這些症狀，認為「也許是疑神疑鬼」或「稍做休養即可治癒」。

俗稱血道病的這些症狀，爾後被稱為更年期障礙或自律神經失調症，目前則命名為不定愁訴症候群。以往症狀完全相同，若是閉經期前後的女性，則稱為更年期障礙，若是年輕女性則叫做自律神經失調症，現在則統一其稱呼，命名為不定愁訴症候群。

誠如苦訴不定憂鬱的名稱，特徵是前述數個症狀會改變場所或時間而讓患者自覺，而且覺得症狀減輕又突然變得嚴重，對當事者而言，委實令人感到棘手又難捱的疾病。

其原因是荷爾蒙失調。除了生產、流產、墮胎、更年期之外，卵巢或子宮手術後、荷爾蒙治療後、避孕藥服用後等，在女性荷爾蒙較容易失去均衡的時期常見這類患者。

女性荷爾蒙分泌週期混亂，會連帶使得中樞位於視床下部，支配內臟、血管活動的自律神經產生混亂，結果呈現不安定的症狀。這些症狀加劇，則形成壓力感、不安感。

譬如，懷孕中帶有萬一生下畸形兒的強烈不安，或面臨停經而感到自己不再是女人的打擊時，這些刺激會從大腦皮質傳達給視床下部，使得荷爾蒙或自律神經的中樞日益混亂。

不定愁訴症候群的治療法，當然是利用荷爾蒙劑的投服，此外還有自律神經調整療法，精神安定劑或漢藥的服用、鍼療法等方法，都能達到相當的效果。

但是，絕不可掉以輕心，不要患病後才接受治療，應致力於預防工作，避免出現症狀。

當然，預防的方法是使荷爾蒙分泌的週期安定。尤其是月經不順者、測量基礎體溫卻從表中分不出低溫期與高溫期的人，要特別注意。生產時或更年期患不定愁訴症候群的多數患者，都是平常荷爾蒙失調的女性。

過著規律的生活使荷爾蒙保持均衡，但藉此還無法恢復性週期混亂者，在出現不定您訴症狀之前，應接受婦產科醫師的治療，早日恢復荷爾蒙均衡。

最近，據說維他命E具有治療及預防不定愁訴症狀的效果。卵巢、子宮、腦下垂體等女性的內性器和內分泌器官，含有最多量的維他命E，為了促進這些器官充分地發揮機能，維他命E是不可或缺的物質。

然而，它並沒有類似荷爾蒙的機能，但從報告發現，每日服用三十公克，數個月後基礎體溫表上不再出現混亂，由此可見，它的確具有恢復荷爾蒙失調的效果。

有適度運動或興趣的女性，在更年期中很少有不定愁訴症候群的患者，相反地，神經質的人較容易罹患。適度的運動或使人沉迷其中的興趣，有助於消除壓力，相對地，越是神經質的人越無法抗拒壓力，結果混亂了荷爾蒙均衡。

⑵利用荷爾蒙均衡減食法減肥

荷爾蒙失調會使所有瘦身法的效果化為烏有

最近，不僅是女性週刊雜誌，就連男性週刊雜誌也爭相推出「瘦身飲食法」之類的特輯。根據報導，兩年內市面已出版一百冊以上的減肥書籍。

這是肥胖對身體的危害已獲得的共識，但可惜的是，幾乎看不見肥胖與荷爾蒙之間關連的報導。因此，想利用此章節為各位介紹藉由荷爾蒙均衡可自然減肥的方法。

食物變成脂肪儲存在體內，或分解儲存的脂肪再輸送到血液中，完全是荷爾蒙的機能。因此，從中必可理解荷爾蒙失調是造成肥胖的原因。

譬如，將血液中的葡萄糖轉變為脂肪，儲存於脂肪組織內，並且預防脂肪擅自分解而從脂肪組織溢出的是胰島素。

當胰島素的分泌過多時，會一再地形成脂肪並給予儲存，於是身體自然地變胖，而胰島素荷爾蒙的受容器異常，有時也是造成肥胖的原因。

相反地，如果分解脂肪組織內的脂肪，將其輸送到血液中的荷爾蒙，如降腎上腺素（**noradrenalin**）、高血糖素（**Glucagon**）、腎上腺素（**adrenalin**）等的分泌不足時，脂肪會儲存在組織內而不被利用，這也是發胖的原因。

此外，成長荷爾蒙或甲狀腺荷爾蒙、男性荷爾蒙等的不足，也是肥胖的原因之一。成長荷爾蒙會將血液中的氨基酸變化為蛋白質，儲存於肌肉組織，而這種荷爾蒙也具有分解脂肪，增加血液中葡萄糖的功能。

肥胖會混亂荷爾蒙均衡造成生理不順

各位都知道，發胖的基本原因是人體所攝取的卡路里多於消費的卡路里。

理論上確是如此，從飲食所獲得的熱量源削減，而身體卻需要其他的熱量，因而不足的部份會分解脂肪給予補充，身體自然會消瘦。

這是非常簡單的道理，也因為如此，許多人會產生一個錯覺，以為只要限定飲食或從事運動，任何人都能擁有美麗的線條。其實瘦身的最大前題是，保持控制糖代謝的荷爾蒙均衡的安定。

以極端的例子而言，如果胰臟長了分泌胰島素的腫瘍，即使身體需要使用脂肪組織內的脂肪也無法運用，非但無法利用運動減肥，甚至會造成痙攣或昏睡狀態。而且不可忘記的是，肥胖者本身的荷爾蒙極有可能已出現混亂狀態。

以女性為例，有些情況會因月經異常而自覺荷爾蒙失調，根據資料顯示，約有百分之五十的肥胖女性會出現無排卵月經或月經血減少、月經不順等症狀。此外，還有多毛的症狀。

由此可見，肥胖本身就是破壞荷爾蒙均衡的原因，若為了減肥而做過度運動反而危險。應該依照第一章所述的方法，致力尋求荷爾蒙均衡的安定，同時慢慢地增加運動量。

短時間內急遽地消瘦也是危險，應採取循序漸進，以最自然的方式不讓身體造成負擔的減肥法。

手足細瘦而軀體發胖的疾病

「夫妻吵架後覺得心浮氣躁，莫名地產生食慾……」這種類型的女性頗多。而男性中也有出現這種「飲食洩恨」症狀的人。

似乎是利用飲食消除內心的壓力，其實造成飲食洩恨症狀的是，身體感到壓力時所分泌的副腎皮質荷爾蒙、可基佐爾。

這種荷爾蒙會促進儲存脂肪的胰島素分泌，同時會對中樞神經造成刺激而增進食慾。另一方面，它會將蛋白質材料的氨基酸變化為糖，使組織無法任意使用糖。

提高食慾而攝取多量的熱量源，但還感到不足而將製造我們體格的氨基酸改變為糖。況且這些糖質只儲存而不在緊要關頭由其它組織所應用，壓力發胖乃是副腎皮質荷爾蒙的機能所引起。

此外，副腎皮質荷爾蒙還具有另一種特殊的功能，它會變化皮下脂肪的分佈。一般的發胖，會像相撲力士一樣全身都是脂肪，但這種荷爾蒙的分泌若病態的增加，或長期服用副腎皮質荷爾蒙劑或類固醇劑，會變成獨特的肥胖體型，手足細瘦但臉或軀體卻發胖。

臉面發紅而圓滾滾，彷彿滿月一般的月亮臉（Moon、face）容易長青春痘，肩膀也有厚實的脂肪，出現肩膀渾厚有如野牛般的「鬥牛肩」症狀。

而腹部、腰部及大腿會出現類似妊娠紋的線條，顏色變成紫紅色。血壓上升導致糖尿病。還有眉、鬍鬚變多等各式各樣的症狀，女性會有月經異常，男性則可能出現陰莖萎縮。

當然，到了這種程度並非單純的肥胖，而是所謂「庫興症候群（Cushing syndrome）」的疾病，主要原因是腦下垂體長腫瘍，造成副腎皮質刺激荷爾蒙的分泌過剩或副腎中有腫瘍（或少見的癌），有時，肺癌也會分泌副腎皮質刺激荷爾蒙，結果造成庫興症候群。

此外，催乳激素的過剩或荷爾蒙均衡的異常會引起病態的肥胖症，所幸這類情況並不多，而它也牽扯到專門的知識，在此省略。不過，這類疾病只要消除造成原因的荷爾蒙異常，是減肥不可或缺的必要條件。

飲食洩憤是肥胖大敵的原因並不只是吃得太多，而是副腎皮質荷爾蒙將氨基酸轉變為糖份。

飲食洩憤、藉酒消愁會使肌肉消瘦

將血、肉原料的蛋白質轉變為糖份，肌肉自然消瘦，而轉變的糖質又化為脂肪，只會使你變得更肥胖。

沒有比藉飲食、喝酒消愁解悶對身體的危害更大。不僅是肥胖而已，消除鬱悶的飲食比保持愉快心情的用餐，會對肝臟造成極大的傷害。肝臟是再生力非常強的臟器，精疲力倦的細胞漸漸死滅，從而再製造生命力量旺盛的新細胞。而做為新細胞材料的是氨基酸。

但是，消愁解悶的酒，一方面會因酒精迅速分解為碳酸廢氣與水，使得細胞疲憊，另一方面會因副腎皮質荷爾蒙將做為細胞材料的氨基酸轉化為糖份。彷彿不給食物而過度勞動一樣，這種情況持續下去只會使肝臟嚴重受挫。如果認識荷爾蒙的機能，相信沒有人膽敢藉飲食或飲酒消愁解悶了。

支配食慾的滿腹中樞與攝食中樞

荷爾蒙或自律神經的中樞位於間腦的視床下部，而食慾中樞也在視床下部。其中分為感覺空腹的攝食中樞與覺得飽腹的滿腹中樞，這兩個中樞的彼此制衡，控制我們的食慾。

譬如，我們用餐後血液中的葡萄糖會增加，分泌胰島素將多餘的葡萄糖轉變為脂肪。為了保持固定的血糖質，血液中的葡萄糖會被全身的細胞所消耗，因而血糖質會立即減低。

這時，成長荷爾蒙等會將胰島素所儲存的脂肪分解，成為游離脂肪酸（ＦＦＡ）輸送到血液內，ＦＦＡ會取代葡萄糖成為全身細胞的熱量源。

極端地說，血液中葡萄糖較多時會發胖，ＦＦＡ較多時會消瘦。如果停止進食，脂肪會漸漸被分解成ＦＦＡ流入血液中，結果身體會日漸消瘦。

但現實中並無法如此實行。因為ＦＦＡ具有活潑攝食中樞，抑止滿腹中樞的機能，因而會產生空腹感。覺得空腹時會進食，當食物進入口內，反射性地立即分泌胰島素。胰島素當血液中的葡萄糖較多時，會促進滿腹中樞機能，但空腹時則會使攝食中樞變得活潑。因此，一再地感到空腹而增強食慾。

進食的食物被人體吸收，血液中的葡萄糖隨之增加，葡萄糖也有使滿腹中樞活潑而抑止攝食中樞的功能。換言之，葡萄糖和胰島素會共同對滿腹中樞造成作用，使人產生飽腹感。

提高或抑止食慾中樞活動的物質有前述主導糖代謝的荷爾蒙、游離脂肪酸、葡萄糖等，此外，和腦中的某些荷爾蒙也有密切的關係。

譬如，促進攝食中樞活潑運作的荷爾蒙，具有鎮痛效果的驗德爾辛或驗克法林；使滿腹中樞活潑的是十二指腸所分泌的可雷基史特基寧、視床下部所製造的甲狀腺刺激荷爾蒙放出荷爾蒙。

以上的說明雖然有些繁複，但各位應可理解食慾的組織體系，也能瞭解它與荷爾蒙之間有多麼密切的關係。這些荷爾蒙若稍微失去均衡，對你的食慾即會造成變化。

有些原本少食的人，會突然食慾旺盛而開始發胖。相反地，目前正流行失去食慾，造成病態消瘦的神經性食慾不振。這些情況極有可能是荷爾蒙失調所造成。所以，減肥不僅是限制飲食或從事運動，使荷爾蒙保持均衡也是重要的條件。

各位既已瞭解食慾的組織體系，應該可以從中學到幾種健康的減肥方法。為了慎重起見，以下為各位說明根據食慾的組織體系做飲食限制的原則。

減低卡路里，三餐規則的飲食

「確實每天減少攝食的總卡路里，怎麼卻瘦不下來?」

有不少人一直有這樣的疑惑，而這些人多半是晚餐一食主義。

他們不吃早餐，午餐也儘量少食，而只在晚餐攝取一天的卡路里，他們相信只要減少一天的總卡路里量應可變瘦。

這種方式的減食是徒勞無功的。一餐吃得飽和少食多餐的情況比較，會使體重增加百分之五十～一百。這個事實當然有醫學上的根據，由於內容頗為專業與繁複，在此省略。

不吃早餐與午餐，必須忍耐饑腸轆轆的空腹感，其間由於攝食中樞的作用，成長荷爾蒙、副腎髓質荷爾蒙、腎上腺素、高血糖素、副腎皮質荷爾蒙等會不停分泌，結果造成混亂荷爾蒙均衡的原因。

千辛萬苦刻意減肥，非但無法消瘦甚至危害了健康。到此地步只叫人欲哭無淚。那麼，是否一整天吃吃喝喝來得好呢，事實也不然。因為會混亂食後分泌的胰島素或成長荷爾蒙的規律。

所以，荷爾蒙均衡減肥法的第一原則是，一日三餐有規則的飲食，然後慢慢減低所攝取的卡路里量。

譬如，原本早餐吃兩片麵包，改成吃一片，若麵包加奶油即可減低一百左右的卡路里。一日減少二百卡路里，一年就減少七萬卡路里以上，以計算數字而言就可減肥八公斤。

零食會喚醒沉睡的攝食中樞

原本並不覺得餓，卻因吃了零食而突然覺得肚子餓起來。相信讀者中也有這種經驗者。食慾的組織體系已如前述，當我們由口部進食後會立即分泌胰島素，它會提高攝食中樞的機能。所以，雖然只是一小口的點心也會變成誘發劑，喚醒沉睡中的攝食中樞。

一般人都以為只吃一口應無妨，於是拿起最愛吃的巧克力或蛋糕滿足饞嘴的念頭。喝啤酒也是一樣，以為只喝一杯不至於造成影響。這些彷彿是引減肥中者入甕的伎倆。當你吃完一口或喝完一杯而想停止時，體內的胰島素或攝食中樞卻再也忍受不住，因一口饞嘴而開始活動的胃也按奈不住了。同樣地，覺得肚子餓而吃東西，但所吃卻非三餐攝取的份量，這種為消一時饑餓的零食也是錯誤的源頭。雖然當時因血糖質增高而獲得飽腹感，但立即會感到肌餓。

而且感到肌餓想暫時裏腹時，往往卻無法隨心所欲。結果本來打算以零食裏腹，卻多吃了。這也是人們經常體驗的事實。

肥胖主婦們常見的是做料理時的零食。料理中為了調味而吃吃喝喝，這些少量的湯汁、菜餚會造成刺激，使攝食中樞運作活潑，忍不住一再地偷吃。而且料理完畢後又和家人一起飽吃一餐，理所當然會造成過食。

所以，正餐以外的零食是阻礙減肥的陷阱。平時應特別注意避免落入此陷阱中，不吃零食是荷爾蒙均衡減肥法的第二原則。

利用藥物或手術減肥是危險的

「脫脂減肥法使妳窈窕又美麗」「不動手術，只用喝的就讓妳擁有豐滿的乳房」，這類誘導追求美麗的女性心理的誇張廣告，漸漸受到限制。

但令人匪夷所思的是，市面上仍然充斥著不實的宣傳廣告，如「一天吃一粒即可長高」的健康食品，其實是鈣片。至今已明白並無減肥效果的蛋白質或桿狀細菌的廣告，也曾經煞有其事地標示其減肥效果。除了這些虛偽藥品之外，在減肥藥方面，不久前幾乎成為搶手貨的是，具有強力瘦身效果的甲狀腺荷爾蒙。

如前所述，甲狀腺荷爾蒙分泌增多時，全身代謝會變得活潑，熱能一再地消耗，毫無疑問地會消瘦下來。也許有人聽聞此言即躍躍欲試。

其實，目前也有添加甲狀腺荷爾蒙的減肥藥，也有醫師正在使用。但是，這種荷爾蒙具有心悸、發汗、血壓上升等副作用，有時會引起狹心症的發作。為了減肥而從外部補充荷爾蒙，結果造成巴塞多症，豈非賠了夫人又折兵。

不過，甲狀腺機能減弱的患者則另當別論。減肥是次要的效果，為了使荷爾蒙達到均衡而服用甲狀腺藥劑時，患者不僅會產生活力，有些人還附帶產生減肥的效果。

另一種目前也正使用中的減肥藥是「拉西克斯」等強力的利尿劑。因荷爾蒙失調而變成所謂的水胖症時，利用利尿劑排除體內多餘的水份，以達到減肥的效果。這種方式也無法使脂肪減少，可能還會喪失必要體液，不可貿然實行。

那麼，乾脆直接吸取或割除多餘的脂肪，不也是正本除根之法？美容整型方面的確已付諸實行，但從動物實驗發現，割除脂肪的硬塊後，殘存的脂肪組織會增大而彌補所割除的部份。在美國有人採用切除腸管使其變短而減肥的方法，但總使人覺得手段未免過於殘暴。

所以，上述各種方法都是利用藥物、手術等危害健康的減肥法。目前對健康最為有益的減肥法應該是利用減食法，慢慢地減輕體重。各位何不耐著性子向荷爾蒙均衡減食法挑戰看看。

過度保護會形成一生為肥胖而煩惱的孩子

兒童肥胖的問題已有幾十年的歷史，但長得太胖的嬰幼兒仍然有增無減。為人母者，甚至不會對自己比標準體重多十公斤的幼兒感到擔憂，反而會暴露喜形於色的成就感。

其實，兒童時期發胖後，往後再怎麼努力減肥，通常無法恢復正常的體重。如果你也是從幼兒期就發胖的人，必須比一般人加倍努力才能回復一般的身材，因為減肥對你而言並非易事。原因是你體內的脂肪細胞遠比成年後發福者來得多。

我們的脂肪細胞在嬰幼兒期已決定數目，長大成人後實行任何減肥法都無法減少其數目。相反地，如果體重並沒有比標準體重增加七〇%以上，細胞數目也不會增加。

所以，兒童的肥胖和成年人的肥胖之間有極大的差異。兒童期的肥胖是脂肪細胞的增加，而成人之後的肥胖則是各個細胞的肥大。

體內分泌的荷爾蒙量維持固定時，細胞的數目越多越難以減肥。從幼兒期已經肥胖的人，即使上半身瘦得下來，下半身也難以減肥，是因荷爾蒙無法遍及到下半身的緣故。

兒童的肥胖會造成成年人的肥胖，甚至引起併發成人病，縮短平均壽命。對幼兒予取予求的過度保護育兒，將會成為孩子一生的負擔。

以往有一說認為：肥胖具有極大的遺傳要素。但根據許多調查已證實，雖然有遺傳要素但影響不大，倒是父母的飲食生活等後天環境的影響更大。所以，父母在日常生活中，避免孩子發胖的責任日形重大。

(3)美麗肌膚、預防黑斑、皺紋

注意粗糙的乾燥肌膚或脫毛

富有彈力且柔嫩的肌膚。女性特有的美麗肌膚和曲線優美的線條，同樣地都能刺激男性的本能。但可惜的是，目前興起的利用全身護膚、按摩等維持美麗肌膚或柔美線條的美容法早已落伍了。

因為從外部任何的刺激或塗抹再昂貴的乳液，並無法根本解決肌膚的問題。不僅無法將油脂性肌膚恢復一般的皮膚，黑濁的肌膚也無法皙白。因為多數肌膚的問題是因內臟疾患或荷爾蒙失調而引起。

譬如，甲狀腺荷爾蒙分泌量減少時，皮膚會變得乾燥或毛髮脫落，看起來比實際年齡老五歲或十歲。

這種患者可能利用全身包裹美容或三溫暖，在汗流浹背後暫時呈現肌膚的細嫩，但這個效果極為短暫。利用外部的美容不僅無法恢復甲狀腺荷爾蒙的均衡，肌膚還會立即恢復原來的粗糙狀。

此外，胰島素、男性荷爾蒙、女性荷爾蒙、副腎皮質荷爾蒙、成長荷爾蒙、黑色素細胞刺激荷爾蒙等。大多數的荷爾蒙都和肌膚密切關連，若有失調狀況會直接對肌膚帶來不良影響。荷爾蒙的機能漸趨明瞭，它與肌膚之間的密切關係也日益明顯。

有時，從肌膚的問題甚至能發現糖尿病等荷爾蒙均衡的異常。所謂肌膚是健康的借鏡，這個借鏡的機能今後將日漸重要。

肌膚的問題並非表面上的美容法，從內在消除的內面美容或精神美容已成主流。二十一世紀的美容沙龍也許要設備身體健康檢查，成為各科專門醫師匯集的綜合醫院。

現今的時代已脫掉以往外在美容法的虛晃，進入美容醫學的時代。而身心健康，荷爾蒙均衡的安定才是維持美麗肌膚的原點。讀者應謹記這一點，留意從內在美容自己的重要。

由荷爾蒙均衡決定肌膚的類型

水和油是彼此不相容的物質，因而無法混合。但是，我們的皮膚表面卻混雜著水和油，亦即從汗腺分泌的汗和從毛細孔深處的皮質腺所分泌的油脂，形成了所謂的皮質膜。

呈弱酸性的皮質膜可預防肌膚受外氣的刺激，也能防止細菌的繁殖，同時可防止表皮水份的蒸發。肌膚有分油脂性或乾性肌膚等，這是由覆蓋皮膚表面的皮質膜的性質所決定。

譬如，油脂肌膚的人，皮質含較多的脂肪，皮膚表面的水份只佔十%～二十%。這種肌膚的特徵是肌膚顯得黏膩、易沾污垢，額頭或鼻側的毛細孔太粗，上粧後難以持久。

乾性肌膚的人，皮膚表面的油脂較少，水份也在十%以下。肌膚沒有嫩滑感，顯得乾燥、抵抗力弱、容易長疹子或造成皮膚乾裂。

而位於中間者是普通肌膚，皮膚所含的油脂及水份適當，極好上粧，上粧後也不易亂粧，是最理想的類型。

以上的分析和美容書籍上所介紹大同小異，相信各位也耳熟能詳。美容書籍自然建議消費者使用與自己肌膚配合的保養法。

因此，有不少女性自己認定是屬於油脂性肌膚或乾性肌膚。而多數女性的擅自決定，通常會阻礙美麗肌膚的實現。

為了真正理解自己肌膚的性質，必須認識決定皮質膜成份的荷爾蒙機能。譬如，胰島素除能使細胞的代謝活潑外，還具有促進皮質生產的機能，因而當這個荷爾蒙的分泌減弱時，尤其罹患糖尿病之後，皮膚會缺乏油脂，變得乾燥粗糙。

同樣地，男性荷爾蒙和黃體荷爾蒙也有活化皮質腺的功能，但卵胞荷爾蒙卻具有抑止皮質腺功能的作用。而使皮膚呼吸活潑的是甲狀腺荷爾蒙，甲狀腺荷爾蒙的分泌情況會增、減皮膚的水份。

所以，決定肌膚類型的是荷爾蒙。而這些荷爾蒙彼此保持適度的均衡，才能維持女性美麗的肌膚。

但荷爾蒙的分泌並非呈一定量。尤其是女性，卵胞荷爾蒙和黃體荷爾蒙有一定的分泌週期，月經正是隨著其分泌週期而呈規律的反覆。

因此，普通肌膚或乾性肌膚的人從月經前十日開始，經常會突然變成油脂性肌膚。這是因抑止皮膚膜功能的卵胞荷爾蒙分泌減弱，使皮質膜功能活潑的黃體荷爾蒙的分泌量增多，造成肌膚變得油脂的緣故。而平常屬於油脂性肌膚的人，到了這個時期可能會長青春痘。

所以，皮膚的狀態會因荷爾蒙的均衡，每天產生變化。建議各位不要把自己的肌膚決定為某種類型，而應配合當天的皮膚狀態做保養或使用化粧品。這也許是維持美麗肌膚的一個要點。

女性荷爾蒙的減少是肌膚的大敵

「細緻」的肌膚是表示皮膚柔嫩光滑，沒有凹凸不平的情況。

乍看下顯得平滑的皮膚，事實上有如月球表面，到處是凹凸狀，凹狀部份稱為皮溝，凸狀部份稱為皮丘。皮丘的大小或高度呈平均而密集，看不出皮膚的凹凸狀就是細緻的肌膚。

但可惜的是，據說皮膚的細緻有極大的遺傳因素，即使藉助荷爾蒙之力也無法將粗糙的肌膚變得細緻。因此，如果妳的肌膚是細緻美麗，應感謝父母遺傳這麼優秀的禮物。

不過，問題是細緻的肌膚能維持到幾歲？任何人都知道嬰兒的肌膚柔嫩、細緻，觸感極佳。

但年齡是令人畏懼的，肌膚會隨著年齡的增長而變得粗糙。成長後的肌膚水份一再地減少。而皮質的分泌增多，結果和嬰兒期的肌膚有天壤之別。

如前所述，皮質是維護皮膚柔嫩不可或缺的要素，但皮質過剩時也會造成肌膚紋理的粗大。

所以，從以上的說明各位應可瞭解，若想維持年輕細緻的肌膚，最好的方法是增加皮膚的水份，並抑止過剩的皮質分泌。

適度的運動之所以有益美容，不僅是因它能促進新陳代謝，而且流汗也具有增加皮膚水份的效果。

但並無法輕易地調節皮質的含量。因為皮質的分泌和各種荷爾蒙有密切關係，而增加皮質分泌的男性荷爾蒙。

男性荷爾蒙過剩是維持美麗肌膚的大敵。一般所謂「油膩肌膚」通常是指男性的肌膚，而男性荷爾蒙會增加皮質分泌，因此男性多油脂肌膚也是理所當然。

女性也會分泌男性荷爾蒙，不論男女，其分泌量從思春期以後會急速增加。

以男性而言，男性荷爾蒙的分泌達最高峰是從二十歲層到四十歲層，而此後到六十五歲之間的分泌量和最顛峰時的分泌量並無太大的差別，女性的顛峰期是從二十歲層到三十歲層，到了四十歲層、五十歲層，男性荷爾蒙的分泌會遽然地減少。中年以後的女性較少油脂性肌膚正是這個緣故。

附帶一提的是，由於成長荷爾蒙的過剩所引起的末端肥大症，也會使皮膚顯得油膩，常發汗。

男性荷爾蒙是造成肌膚粗糙的原因

女性到了四十歲以後很難回復原有的細緻肌膚。當肌膚一旦變得粗糙，即難以回復原狀。

男性荷爾蒙對女性肌膚所造成的不良影響，此外還有許多。女性荷爾蒙可預防皮膚的角質化，保持柔嫩光滑，但男性荷爾蒙卻能加速角質化，使得肌膚變得粗糙。對女性而言當然不受歡迎。

那麼，只要抑止男性荷爾蒙的分泌不就解決問題了嗎？如果並非副腎皮質大量分泌男性荷爾蒙的疾病，不能將分泌男性荷爾蒙的副腎皮質割除，目前雖然對於分泌量較少的情況可以給予補充，但分泌較多的情況在治療上卻相當困難。

曾在雜誌上看過某位女星介紹其美容法，這位女星沐浴後會在鏡前端詳自己全裸的模樣，仔細地檢查身體各個部位，是否變胖？臀部是否變型等等。其實無時無刻地意識自己身為女人，具有促使女性荷爾蒙分泌的效果。

皮質分泌增多時，容易附著塵埃或皮膚的老廢物，極有可能造成肌膚上的煩惱，因而覺得臉孔帶有油光時，務必勤快洗臉。

青春痘會加強妨礙女性美的男性荷爾蒙機能

青春痘可以說是青春的象徵。到了思春期之所以開始長青春痘，和這個時期男性荷爾蒙的機能急速地活潑化有極大的關係。當男性荷爾蒙突然增加分泌時，原本沉睡的皮質膜會唐突地迅速成長，皮質分泌也隨之增加，使得臉部變得油膩。

當然，男性比女性分泌較多的男荷爾蒙，一般而言，男性較容易長青春痘，而女性長青春痘，基本原因可能是女性荷爾蒙與男性荷爾蒙的失調。所以，男性荷爾蒙分泌過剩也是妨礙女生維持美麗肌膚的要素。

女性從生理期前的一星期左右開始到生理期間，很容易長青春痘。因為這個時期黃體荷爾蒙比卵胞荷爾蒙大量的分泌而支配整個活動。

黃體荷爾蒙的機能和男性荷爾蒙極為類似，因此，也會促使皮質分泌，形成長青春痘的原因。

青春痘是最普遍的肌膚問題，它也和荷爾蒙有密切的關係。到此各位應可明白，兩種荷爾蒙失去均衡時，會阻礙肌膚的美觀，成為美容的大敵。

而造成荷爾蒙失調的五大元凶是，睡眠不足、壓力、便秘、酒、煙。

它們也是使肝臟機能減弱的原因，削減分解體內毒素的肝臟解毒功能，結果也降低皮膚對細菌的抗力，使得青春痘更耀武揚威。

懂得節度的規律生活，是預防青春痘及其他問題的最佳良策。

青春痘還具有使睪丸素酮變成功能更強的男性荷爾蒙。睪丸素酮是由男性的睪丸所製造，卵巢只製造少許。

造成女性肌膚問題的是，副腎皮質所製造的一種男性荷爾蒙，這種荷爾蒙的功能只有睪丸素酮的數十分之一而已。但分泌量雖微，卻也表示女性可以分泌睪丸素酮，而在青春痘的為虎作倀下，轉變為更強烈的荷爾蒙，自然會對肌膚帶來不良影響。

如果女性的青春痘也出現這種現象，不僅會留下青春痘的痕跡，甚至會造成整體美容的危害。既然無法否定這個可能性，那麼，預防青春痘或盡早治癒長出的青春痘，即是維護女性美最重要的一環。

睡眠不足或壓力會使膚色變黑

所謂「一白遮三醜」白皙的皮膚也是素肌美的重要條件。正因為如此，皮膚白的人渴望維持美白的肌膚，而皮膚黑者則渴望盡可能使肌膚變得白皙，這一點應該是所有女性共通的願望。

正因為如此，美白的化粧品廣受歡迎，但可惜的是，其效果並不如宣傳。

隨著荷爾蒙研究的進步，黑人或黃種人變成白人，或相反地白人擁有棕色的肌膚，已不再是夢想。不久的將來應可開發出這種方法。

各位已經知道，決定肌膚顏色的仍然是荷爾蒙。同時，各位也許知道，皮膚含有黑色素細胞，它會製造使黑色素顆粒變黑的物質。

當黑色素細胞旺盛活動一再產生黑色素顆粒時，肌膚會漸漸變得烏黑。而促使黑色素細胞機能活潑的是，由腦下垂體所分泌的黑色素細胞刺激荷爾蒙。

從這一點看來，這種荷爾蒙是使肌膚顏色變黑的壞蛋，但黑色素顆粒的重要功能是預防有害的紫外線侵入體內，以及吸收外來的熱能調節體溫。做日光浴換得一身棕色的健康肌膚，正是這個緣故。

但黑色素細胞刺激荷爾蒙有時會擅自分泌，並非基於維護肌膚的必然性。那是當身體承受壓力時。

如前所述，壓力會促使副腎皮質荷爾蒙的分泌，其前題是腦下垂體所分泌的副腎皮質刺激荷爾蒙，這時黑色素細胞刺激荷爾蒙也會一併分泌。

結果，你的肌膚變得淡黑，徹夜打麻將或睡眠不足的翌日，臉孔顯得異常的暗黑，是因這種荷爾蒙的機能以及皮膚血管的雙重影響。

壓力不僅會使肌膚變黑，還會使卵巢機能減弱，使女性荷爾蒙失去均衡。任何女性或許都經驗過，因失戀的打擊而使生理不順。所以，女性荷爾蒙的失調是造成肌膚粗糙的原因已不容置疑。

所以，壓力是美容的大敵。感到壓力時不可棄之不顧，盡量尋求氣氛的轉換或消除壓力，遠比任何塗敷在肌膚上的營養乳液更具效果。

荷爾蒙失調會形成黑斑

男性較易長青春痘，而女性較易長黑斑。三十歲、四十歲以後的女性常有顯著的黑斑，而男性並不明顯。因為黑斑的形成非男性荷爾蒙，是和女性荷爾蒙有密切的關係。

女性荷爾蒙如前所述，有卵胞荷爾蒙和黃體荷爾蒙兩種，而直接與黑斑相關的是，與妊娠關係密切的黃體荷爾蒙。

有不少人知道，妊娠初期的女性臉上常見黑斑，由於這時期黃體荷爾蒙會旺盛的分泌，臉上出現明顯的黑斑也是理所當然。

黃體荷爾蒙具有使皮膚日光過敏的作用，而隨著妊娠的進行，腦下垂體及胎盤會多餘地分泌黑色素細胞刺激荷爾蒙，黑色素沉著在皮膚內，已充分地準備變成黑斑的條件。

造成卵巢機能減弱，或更年期時出現黑斑，完全是女性荷爾蒙失調所造成。

但是，黑斑又有一說是「肝斑」。從字面可瞭解它與肝臟的關係，當肝臟機能減弱時臉孔膚色會變得暗黑，如果再加上日光與睡眠不足等條件，即容易形成肝斑。

由於肝臟無法充分發揮其解毒或排泄作用，使得有害物質沉澱於皮膚上，而造成肝斑。肝臟機能的減弱也會對荷爾蒙的均衡造成影響。

當副腎皮質的機能變差時，也會出現顏面黑濁或長肝斑的情況。最極端的是變成阿狄生病（一種腎上腺疾病，有虛弱、低血壓、皮膚呈褐色等病徵）。這是副腎皮質機能減弱所造成的疾病，當副腎皮質機能減弱，欲發揮作用時，腦下垂體一再分泌的副腎皮質刺激荷爾蒙，與當時同時分泌的黑色素細胞刺激荷爾蒙，會引起皮膚的色素沉澱。

由於副腎皮質機能減弱，無法順利分泌具有抑止黑色素細胞刺激荷爾蒙分泌的副腎皮質荷爾蒙。在惡性循環下肌膚會變得越來越黑。

壓力會使肌膚變黑，同樣地，它也是造成肝斑的原因之一。

生理前的日光浴是發生黑斑的一大要因

黑斑（肝斑）一言以蔽之，是皮膚內部的黑色素的沉澱固定。在年輕又新陳代謝旺盛時，即使日曬或因暫時的荷爾蒙異常，使得皮膚的黑色素顆粒增多，也會被一再新生的細胞取而代之，經過二星期左右變黑的細胞會剝落。

再經過一個星期，膚色會漸漸回復原來的色調。這是一般的情況。但是，年紀大且新陳代謝變得遲緩時，回復原狀的時間漸漸拉長，最後即出現了已沉澱的黑色素顆粒。這就是所謂的黑斑，換言之，黑斑可說是老化現象之一。

但愛美的人並不因此而放棄。若渴望隨時擁有美麗肌膚想與黑斑絕緣的人，最大的應對之策，是避免肌膚直接曝曬於日光下。

尤其是生理前，更嚴格地說，從排卵期過後到下個生理之前，應忌諱做日光浴。

黃體荷爾蒙的作用會使皮膚產生日光過敏，不僅更容易長黑斑，也是傷害肌膚的最大原因。

我們應致力於預防措施以避免長黑斑。為此應有的認識，是我們身邊有一些具有和黃體荷爾蒙同樣效果，會使皮膚產生日光過敏的物質。

譬如，西洋芹、芹菜、香菜、山葉、檸檬皮等，人工甜味料或香料及其他各種食品添加物。而化粧的香料或乳化劑、防腐劑、色素，藥品中的鎮靜劑或降壓劑、鎮痛劑、抗生物質、造血劑、避孕藥等也會造成問題。

甲狀腺荷爾蒙不足會產生皺紋

皺紋的問題以甲狀腺荷爾蒙的關係最大。這種荷爾蒙幾乎可說是女性美荷爾蒙，它是維持女性美不可或缺的荷爾蒙，在此重新說明其作用與機能。

甲狀腺荷爾蒙分泌正常時，皮膚狀況良好，呈現溫潤與光澤，如果缺乏這種荷爾蒙，皮膚會變得粗糙、乾裂而失去柔嫩，也會出現皺紋或導致脫毛、指甲發育不良等障礙。

由於甲狀腺荷爾蒙具有促進全身代謝的機能，因而是保持不產生皺紋的美麗肌膚的絕對條件。所以，含有甲狀腺荷爾蒙材料的沃素的海藻類，是預防皺紋的特效藥。

不僅是甲狀腺荷爾蒙，所有荷爾蒙的分泌狀況都非常細膩，因此，各種生活上的身心問題都會變成荷爾蒙分泌的異常。

事實上，很難將已經形成的皺紋消除。但如果只是失去水份的小皺紋，是可以用女性荷爾蒙乳液改善。

所謂女性荷爾蒙乳液，誠如其名是在化粧乳液（Vanishing cream）中添加女性荷爾蒙（卵胞荷爾蒙）。在日本，荷爾蒙的含量限定在一公克中兩百單位。根據另外的報告指稱，所含荷爾蒙量太多反而會造成皮膚萎縮、形成皺紋。

眾所周知，塗抹這種乳液可使血液循環順暢，使皮膚出現彈性，消除細小皺紋。不過，使用過多也會造成危險。即使荷爾蒙含有量受到限制，但大量使用也會造成同樣的結果，而且荷爾蒙一定有其副作用，荷爾蒙乳液也不例外。

荷爾蒙乳液塗抹在深刻的皺紋上，不僅無法消失，也無法期待皺紋變淺。總而言之，忌諱過大的期待，在使用上必須遵照醫師的指示，慎重處之。以這樣的態度使用荷爾蒙劑才是賢明之策。

荷爾蒙可使扁平胸變豐滿

豐滿的胸部是女性的象徵，也是窈窕曲線不可或缺的要素。正因為如此，年輕女性中有不少人為扁平的胸部煩惱不已。

甚至有人利用美容整型，在胸部裝入異物，以人工的方法製造豐滿的乳房。但是，認識荷爾蒙機能的妳，應會察覺無需挨疼動手術，只要利用女性荷爾蒙即可使胸部的尺寸變大。

思春期或妊娠中胸部變大，都是女性荷爾蒙的功能，只要藉助荷爾蒙之力，豐滿胸部並非夢想。

事實上，本來是男兒身的人，也可以利用女性荷爾蒙使胸部變大。一般的男性也可能用女性荷爾蒙增大胸部。

男性的副腎皮質所分泌的女性荷爾蒙被肝臟分解，但肝臟若有障礙則難以分解，結果流散在血液中。

血液中的女性荷爾蒙會使男性的胸部女性化。因此，男性胸部呈現女性化被認為是肝炎或肝硬化的特徵症狀之一。

那麼，該如何豐滿女性的胸部呢？只要服用卵胞荷爾蒙和黃體荷爾蒙。

剛開始的幾個星期，只服用三十毫克左右，慢慢地增加為四十毫克、五十毫克，持續服用三～四個月後，會有如懷孕一樣停止來經，而胸部也明顯地變大。

等到胸部變成自己滿意的尺寸則停止服用，隨即會來月經，但乳房卻維持變大的模樣。

讀者中必有人聽聞此言而躍躍欲試，但卻不能建議試行這樣的方法。因為荷爾蒙劑的服用應控制在必要的最小限度。

吃避孕藥會使乳頭、外陰部變黑

從美容的觀點而言，避孕藥也帶有危險的副作用。不僅會影響乳頭或外陰部的顏色，服用避孕藥的女性中約有二五%在顏面上也會引起色素沉澱，即使停止服用，這些症狀通常會遺留下來。

服用避孕藥會使血液中的女性荷爾蒙維持與妊娠中女性相同的狀態，因此，妊娠中因女性荷爾蒙所產生的變化，在服用避孕藥的期間也會發生。最具代表的就是色素沉澱。

除了乳頭、外陰部外，腋下或肚臍部份會變得黑濁，臉孔上有明顯的黑斑、雀斑或增加這些斑點。這些因女性荷爾蒙會刺激上述部份的黑色素細胞，具有使黑色素顆粒活潑運動的功能，服用避孕藥會出現這類現象。

而且懷孕期間額頭、臉頰、下顎、頸部等會出現大塊青白色或黑褐的斑點。這也是因女性荷爾蒙失調造成顏面色素不均衡的結果。

服用避孕藥中的二五%的人，也會出現這類現象。不過，妊娠中的顏面色素異常，在分娩後經過數月會消失殆盡，但服用避孕藥者即使停止服用，通常也會留下痕跡。

原因在於紫外線。接觸紫外線時顏面失調的色素沉澱會日漸變強，身懷六甲的孕婦與健康而服用避孕藥的人，直接曝曬日光的時間自有不同，而一般的妊娠在九個月後會分娩，隨即恢復原有的體型，但長期服用避孕藥者，女性荷爾蒙失調的情況持續一年以上的例子不在少數。

由此可見，避孕藥也是造成肌膚局部變黑或臉孔長黑斑的原因。所以，應避免長期服用避孕藥，同時也要保護肌膚避免紫外線直接曝曬臉部。

⑷ 如何生育健康的寶寶

支配妊娠的荷爾蒙均衡

有關妊娠中荷爾蒙分泌的問題，最大的發現是有一個臨時的內分泌器官可在妊娠期間中分泌荷爾蒙。人活於世絕對不可欠缺荷爾蒙，胎兒也是一樣。

小小的受精卵慢慢成長到三千公克的胎兒，必須倚賴所有荷爾蒙的助力。但是，胎兒尚未發達的腦下垂體，並無法分泌荷爾蒙。因此，會形成替代胎兒腦下垂體的內分泌器官，精巧的生命機能一再地令人讚嘆不已。

這個臨時的內分泌器官就是胎盤。胎盤是胎兒和母親之間的橋樑，胎兒從胎盤吸收氧氣、營養、水份、鹽份等所有必要的物質。

胎盤在妊娠初期形成，隨著胎兒的成長慢慢變大，分娩時直徑約二十公分、厚三公分、重五百公克，它不僅供給嬰兒母體的養份，還具有分泌荷爾蒙的重要機能。

而從胎盤首先分泌的是，絨毛性性腺刺激荷爾蒙。分泌這個荷爾蒙時，由於它的刺激，胎盤會開始分泌卵胞荷爾蒙及黃體荷爾蒙，承繼以往母體的妊娠黃體的功能。

胎盤所分泌的不只是性腺刺激荷爾蒙或女性荷爾蒙。它還會分泌與成長荷爾蒙、副腎皮質刺激荷爾蒙、甲狀腺刺激荷爾蒙、催乳激素等類似機能的荷爾蒙，達到持續妊娠或對胎兒的成長帶來幫助的效果。

這些荷爾蒙隨著妊娠的進行，到了後期會增加分泌量，而分娩時隨著胎盤的排出會急速減少，數天後會降至與妊娠前同樣的程度。催乳激素是唯一的例外，有關這個荷爾蒙容後詳細說明。

胎教的關鍵是荷爾蒙均衡的安定

妊娠中各種荷爾蒙大量地流入孕婦的血液中。換言之，妊娠中因胎盤所分泌的荷爾蒙，造成孕婦荷爾蒙大幅地混亂，結果對母體也造成各種影響。

乳房腫脹、恥毛變濃、黑斑、雀斑醒目、乳房或外陰部變得暗黑，此外，還有浮腫或嘔氣等……現象，這些都是受荷爾蒙失調所影響。一點小事也會心浮氣躁或感到不安，也和荷爾蒙不無關係。

但是，只要自覺這些變化是妊娠中荷爾蒙失調所造成，可以不必放在心上過平常的生活。本來胎盤所分泌的荷爾蒙是供應胎兒及母體的需要，即使多少出現使身體產生變化的副作用，絕對不會對胎兒或母體造成重大的影響。

但令人可怕的是，由於胎盤所分泌的荷爾蒙失調，而造成孕婦本身荷爾蒙失調。胎盤的荷爾蒙有部份會流入母體內，母體的荷爾蒙也有部份會流入胎兒內。因此，孕婦的荷爾蒙失調會直接影響到胎兒。

而孕婦必須避免的是壓力。妊娠期間常有不安定感，情緒也顯得浮躁，如果再承受壓力會一再地分泌可基佐爾等壓力荷爾蒙，這也會混亂胎兒的荷爾蒙均衡。

而且孕婦初期的壓力會加重害喜現象。嚴重害喜而住院休養的孕婦中，有人在住院的同時害喜症狀即雲消霧散。自認已無所謂而出院時，結果害喜症狀又變嚴重。

這些患者通常是夫婦不和、婆媳問題、鄰居相處關係等家庭環境中有造成其壓力的原因。有些人回到娘家即大幅地減輕害喜的症狀。

從害喜的例子看來，對孕婦而言最重要的是保持體內荷爾蒙的均衡。充分地睡眠、過規律的生活。當然還必須預防過度疲勞，而對容易心浮氣躁的孕婦，最有效的壓力消除法是胎教。

似乎有許多人認為胎教是針對胎兒的教育。聽古典音樂或閱讀好書，事實上並不只有這些方式。讓孕婦刻意閱讀自己並不喜愛的艱深書籍，只會造成孕婦情緒浮躁，根本無法進行胎教。其實胎教並非為了胎兒，而是為了孕婦自己情緒的平和。

不必刻意找尋艱深的書籍，看漫畫也行。當然，也非得聽古典音樂不可，台灣歌謠也不錯。重要的是要讓自己感到舒適、愉快。舒適、愉快的心情會使荷爾蒙變得安定，結果也對胎兒有好處。

促使母乳分泌的荷爾蒙和母性愛荷爾蒙

各位都知道，懷孕後乳房會變大，其實這和多數的荷爾蒙有關。女性到了思春期乳腺之所以發達，是卵胞荷爾蒙的機能所賜，而懷孕後卵胞荷爾蒙及黃體荷爾蒙會對乳腺造成作用。

但只憑這兩種女性荷爾蒙並不足以使母乳分泌，此外，還要有成長荷爾蒙、甲狀腺荷爾蒙、胰島素、副腎皮質荷爾蒙、催乳激素等多數荷爾蒙的協助。其中具有直接製造乳房作用的催乳激素是重要的荷爾蒙。

在這些荷爾蒙的共同協力下，乳腺會充分地發達，但妊娠中不會分泌母乳。藉由分娩，胎兒誕生的同時才分泌母乳，整個身體的結構堪稱精緻巧妙。

但是，催乳激素雖具有製造母乳的功能，卻沒有直接使母乳分泌的作用。具有這種功能的是，分娩時由積極運作的腦下垂體後葉所分泌的子宮收縮荷爾蒙。

嬰兒吸吮乳頭的刺激會傳達給視床下部，視床下部接受刺激再分泌催乳激素放出荷爾蒙，藉由其機能再由腦下垂體分泌催乳激素。同時，視床下部而來的刺激也會傳達到腦下垂體的後葉，從該處分泌子宮收縮荷爾蒙。

授乳時有多數女性會獲得快感，其原因是子宮收縮荷爾蒙，規律性地使子宮收縮的緣故。而經由授乳的性快感，據說也是加強對胎兒愛情的原因之一。

平時再怎麼討厭孩童的女性，一旦生育兒女必會有母性的本能覺醒。一般認為，誘發母性愛的也是荷爾蒙的機能。而被稱為母性愛荷爾蒙的是催乳激素。

催乳激素何以會激發母性愛，目前尚不得而知，但有些動物吸收這種荷爾蒙後，會表現疼愛比自己幼小動物的母性愛。如果這一點也能適用人類，也許狠心將親生兒女丟棄在投幣式保險櫃的母親，是因催乳激素分泌太少，或不用母乳哺育兒女，使用奶粉的人。

嬰兒的授乳必須在一年內停止

總而言之，母乳含有嬰兒所必要的一切營養，還具有各種免疫體，並不是一般奶粉可以取代。而且以母乳哺育嬰兒，是培育親子間的肌膚之親或激發母性愛的幼兒教育的第一步。

但是，雖然母乳有這麼多的好處，當嬰兒長大到二歲、三歲時，若還餵母奶或讓幼兒把玩乳房，真是不成體統。也許有人不相信有這樣的人，但現實中就有這種母親，無知最令人恐懼。

餵母乳的期間會分泌催乳激素，催乳激素的分泌期間，不再分泌卵胞刺激荷爾蒙。結果，卵胞無法成熟，因而不再分泌卵胞荷爾蒙及黃體荷爾蒙。

當然，月經也不來潮，無法活動的卵巢漸趨萎縮，於是漸漸失去女人味，讓幼兒把弄乳房也會造成同樣的結果，因此，以母乳哺育嬰兒或讓嬰兒把玩乳房，再長也必須在一年以內停止。

為了自己的美容及避免教養出撒嬌的孩子，必須謹記早期的斷乳。

五分之一的不孕女性，原因是催乳激素過剩

想要孩子卻無法生育。這對夫婦而言是相當惱人的問題，各位應可以想像一斑。尤其是女生的立場相當為難。有些人無法承受公婆旁敲側擊的諷刺，結果斷然地在離婚協議書上簽字。

現在已明白因製造母乳的催乳激素過剩，造成不孕的女性佔全體的二十%。

換言之，有五分之一不孕症者，是因腦下垂體長分泌催乳激素的腫瘍或服用鎮靜劑、避孕藥而造成這種荷爾蒙的分泌過剩。結果出現分泌乳汁或無月經的症狀。

不過，現今已發現對這種症狀具有卓越療效的藥品，那就是布羅摩克里布金荷爾蒙。它能使催乳激素的分泌恢復正常，且能回復月經、受孕。換言之，以往原因不明的無排卵、無月經而無法受孕的多數女性，已遇到救星了。

最近，開發了從鼻部手術腦下垂體腫瘍的方法，不但可順利摘除且不會留下痕跡。

無排卵造成的不孕，有一個最強而有力的救星，那就是HMG。HMG是使無孕婦女一次產下五胞胎的多胎初產，結果一躍成名的排卵誘發劑。

已屆停經期的女性，其腦下垂體會旺盛的分泌性腺刺激素（荷爾蒙），它會混在尿液中排泄出體外。而HMG就是精鍊停經後女性的尿液所製成的性腺刺激素。

雖然它有產下多胞胎的副作用，但是，對於有此覺悟又渴望生育兒女的夫婦而言，無疑是最後一張強而有力的王牌。

而且最近發現原因不明的不孕患者中，有多數是子宮內膜的肝糖不足所造成。即使受精卵著床，由於肝糖的養份不足而立即流產。

再者，有些女性因子宮頸管所分泌的黏液中，產生抗拒丈夫精子的抗體而無法受孕。這類患者的人工受精，直到最近也達到了效果。

所以，不孕症患者擁抱自己孩兒的機會已顯著地增多。甚至我們可以說九五%以上的不孕症，可以因上述的方法而生育兒女。

不過，這需要耐性與努力，同時，選擇專門研究不孕症的醫院也是不可或缺的要素。

女性酒精中毒者激增的原因在於女性荷爾蒙

最近，主婦之間似乎興起喝酒的風潮。藉酒消除日常生活的慾求不滿已成習慣，結果酒量日漸增大，演變成沒有酒精無法生活的地步。

除了主婦中嗜酒如命者一再增多之外，女大學生、OL之間也廣為流行。酒精中毒的患者日益增多，以現況而言，幾乎可以斷定男女酒精中毒比率的九：一將日漸縮小。換言之，男性患者維持現狀，而女性患者則扶搖直上。

如果平時有飲酒的習慣，極有可能加入酒精依存症患者的行列。

不過，同樣是飲酒何以問題的焦點鎖定在女性飲酒者身上呢？以結論而言，因為女性比男性更容易罹患酒精依存症或肝臟病。

根據擁有專門研究酒精依存症的日本國立久里濱醫院的調查，「習慣一星期喝一次酒以上之後，因酒精依存症而到本醫院住院的期間」男性平均是二十年，女性則平均八年。考慮決定入院的期間，據說男性約十三年、女性約五年是酒精依存症期間。

而根據該醫院調查，因酒精常併發的肝硬化，發現男性在二十・六年、女性在十一・八年發病。

何以女性較易發病？據說其原因在於女性荷爾蒙。因為黃體荷爾蒙會阻礙酒精分解，因而女性較容易罹患酒精依存症。

黃體荷爾蒙是在排卵以後到下次月經之前旺盛地分泌。所以，喝同樣的酒，月經前容易喝得爛醉或造成宿醉。

至少能掌握自己的心理而調整飲酒量，才是賢明女性最低的禮儀。

妊娠中的酒、煙，即使少量也會造成胎兒畸型

何其巧妙的是，酒精依存症的女性患者，開始長期飲酒的年齡和離婚較多的年齡一致。育兒期間結束時，兒女成長離家後、更年期等。

以往一般認為，懷孕中喝啤酒或洋酒並不會對母體或胎兒造成太大的影響。但最近美國醫學會卻一再地向孕婦們主張「懷孕中絕對不要喝酒」。

因為目前已發現懷孕中飲酒，可能造成生育上唇細薄的獨特畸型兒或腦障礙兒，此種現象稱為胎兒性酒精症候群。

孕婦喝的酒會從臍帶輸送到胎兒體內。但胎兒並無解毒能力，會直接受到酒

精的毒害。

相信沒有一位母親會讓出生的嬰兒飲酒。但孕婦飲酒等於是讓誕生前的嬰兒飲酒一樣。

除了必須謹慎妊娠期間的飲酒外，也要戒除消愁解悶的喝酒、毒癮、豪飲等行為，這是預防罹患酒精依存症的最低條件。

多數人都知道懷孕中抽煙可能造成胎兒畸型，最近發現抽煙會生出多指症的孩子，各位女性可千萬注意。

第三章

使身心健康的荷爾蒙均衡

(1) 壓力病會置人於死地

不可輕視壓力

自信滿滿又體力充沛，在公司獲得上司的賞識，對未來抱著飛黃騰達夢想的人，卻突然倒地不起。突襲四十、五十歲層壯年的猝死，目前已確實地增加，而且呈現低年齡化。

其直接原因雖是心臟病發作、腦充血等，但其背後的殺手則是壓力。

突然毛髮脫落的圓型脫毛症、胃潰瘍等，也是因壓力而引起。

可見，壓力對身體危害之大。但是，每個人明知這個事實，卻只有少部份人會積極預防壓力或尋求壓力的宣洩。

現今的時代有多數人已對承受的二、三種壓力自認是理所當然之事，並深信風馬牛不相及的消除法可以使壓力獲得解除，結果使壓力病日益惡化。

對老後的不安、職場或家庭內的人際關係、各種不滿或憤怒，環視周遭到處都是造成壓力的原因。但深受壓力卻因沒時間或工作忙碌而棄之不顧。這樣的人是因尚未理解壓力真正的恐懼。

壓力原本是物理學的用語，它是指由外對物體施加力量時，物體內會變得扭曲。譬如，用雙手擠壓汽球會使其變形，再用力壓迫則破裂。

不管是否意識到承受壓力，體內會產生汽球一般的變化，當汽球破裂時就是死亡來臨。各位不妨想像用繩子綁住汽球一端的情況，即使鬆開繩子也無法使彎曲恢復原狀。當你長時間受壓力煎熬之後，也會發生類似的情形。譬如，壓力即使解除，身體的扭曲卻無法恢復。

這個扭曲就是疾病。而疾病會遍佈心臟、呼吸器、消化器、泌尿器、骨骼、肌肉、眼、耳、鼻、口、腦及全身，胃潰瘍或圓型脫毛症只是其中一小部份。高血壓或陽痿、月經困難症或支氣管哮喘、糖尿病或不孕症等，追根究柢導火線即是壓力。

但我們的生活中卻無法與壓力絕緣。交通顛峰期擠著沙丁魚似的公車上班、在公司對上司或同事設防、出差時擔心發生空難。這樣的人實在太多了。

既然現實是如此的殘酷，除了正面與壓力對決外別無他法。在壓力掛帥的現代，我們應改變消極地承受壓力的態度，更積極地來處理壓力。否則，不久的將來毫無疑問地將被壓力擊倒。

其次，為各位說明壓力會使人體造成何種變化？壓力何以是疾病的原因。

「病由氣生」有科學的根據

對壓力一詞，我們通常是使用於對不安、恐懼、憤怒、悲傷等精神方面的苦痛或複雜的人際關係上的壓抑，而醫學上則認為寒熱、噪音、燙傷造成的氧氣或營養不足、過剩、藥物的長期使用、睡眠不足或不規則的生活等，各種形形色色的因素都是壓力的原因。這是相當重要的一點。

有時處於缺氧狀態或嚴重燙傷時會死亡。而我們也知道，不規則的生活或營養不足也是疾病的原因。

但嚴重燙傷或營養不足以及精神上覺得恐懼、悲傷、憤怒等苦痛時，我們的身體會出現完全相同的反應。這一點卻鮮為人知。

一般人對「病由氣生」似懂非懂，而有多數人並不認為它有科學上的根據。

但早已從科學的研究證實了心理上的原因會使肉體發病，而接下來所要說明的身體對壓力的反應，也是具有科學佐證的事實之一。

簡言之，當身體或精神承受壓力時，眼、耳、肌膚等會知覺而立即傳達到大腦皮質。

這時大腦皮質會緊急對自律神經與荷爾蒙中樞的視床下部發佈指令。接受指令的視床下部會透過自律神經與腦下垂體，向全身傳達「緊急事態發生、全體處於戰鬥狀態」。

譬如，在夜晚的街道被惡漢襲擊時，身體之所以能立即反擊敵人的攻擊，是因自律神經迅速發揮機能的緣故。同時，由副腎分泌的荷爾蒙會對全身發揮作用，使身體處於對抗外部刺激的戰鬥態勢。

副腎是位於左右腎臟上方，呈三角帽狀的內分泌腺，只有拇指般大小，兩者的重量合計只不過十公克，但卻分泌四十種以上的荷爾蒙，是人類活存於世不可或缺的重要內分泌腺。

如果兩側的副腎失去應有的機能，會出現食慾不振、嘔吐、下痢、血壓降低等症狀，失去抗力而在僅僅十天左右死亡。

副腎機能慢性減弱造成的疾病是「慢性副腎皮質機能低下症」，除了出現容

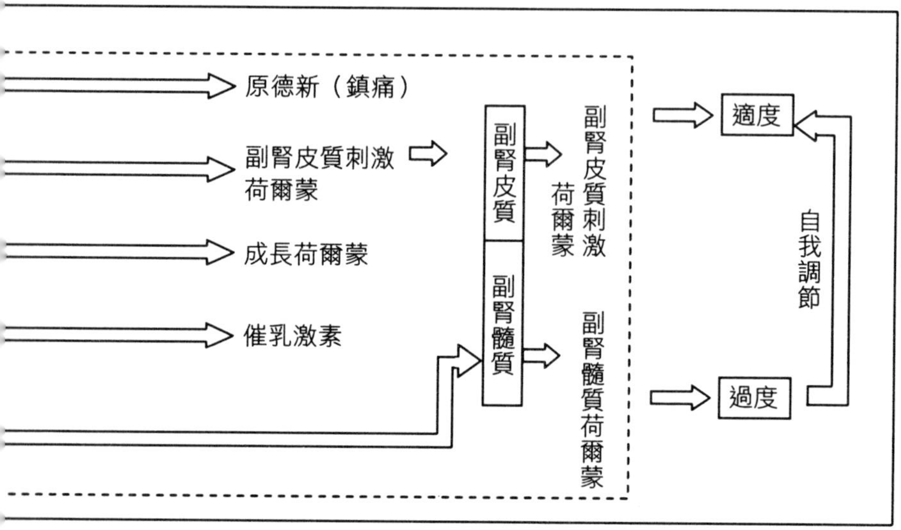

易疲勞、全身產生點狀色素沉澱外，還有體重減輕、血壓降低、血糖質上升、脫水症狀、嘔吐、下痢等症狀。

被暗殺的美國前總統甘迺迪也罹患此病，據說，雖然他每日服用副腎皮質荷爾蒙，卻能夠留下身為美國大總統的豐功偉業，委實令人佩服。

不無端畏懼、胡亂發怒

當我們感受到壓力時，副腎中心部的髓質會分泌副腎髓質荷爾蒙，同時，交感神經的末梢也會分泌新腎上腺素。而承受壓力後，心臟會鼓動不已，氣息粗大而臉色蒼白，造成這種變化的是，副腎髓質荷爾蒙及新腎上腺素。

承受壓力時荷爾蒙的作用

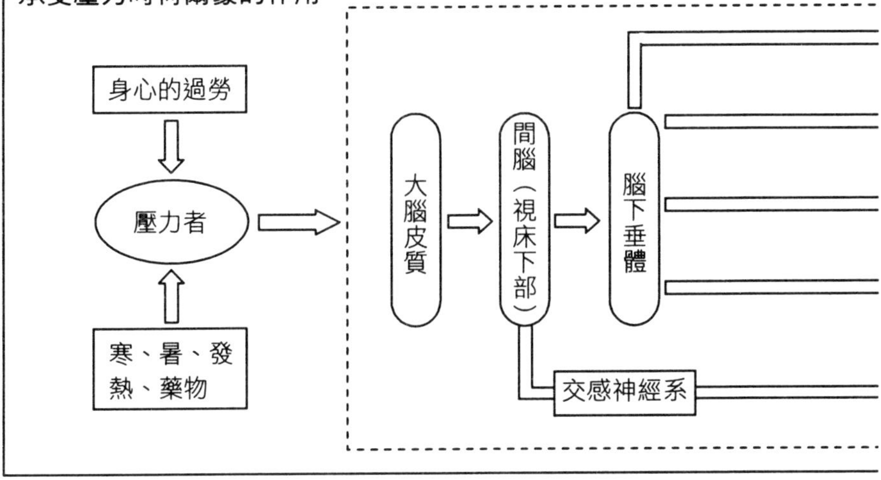

解開交感神經系機能之謎的是華特・B・佳能博士，他將這一連串的反應命名為「危急反應」。這個反應不僅會在被棍棒襲擊等發生暴力危險的情況產生，也會因憤怒或恐懼等感情而觸發。

佳能博士說：「恐懼或激怒會提高血壓，持續時間一久，會變成慢性的高血壓症。」誠如其言，我們應注意不要無謂地恐懼或胡亂發怒。

對上司奉承阿諛而對部屬大發雷霆的拍馬屁職員等，似乎是自己設下退休之年與病倒之時孰者為先遊戲的人。對老後帶有不安的人、過度畏懼疾病的人、為無聊小事立即發怒的人也是同一族群，這些人都胡亂地縮短自己的壽命。

各位應曉得不安、恐懼或憤怒根本於事無補。請戒慎副腎髓質荷爾蒙的胡亂使用。

壓力病的原因是荷爾蒙失調

造成如此重大反應的副腎髓質荷爾蒙或新腎上腺素的影響不是短暫的。壓力持久後我們體內的變化會加劇，而引起這些變化的荷爾蒙，會由副腎髓質荷爾蒙傳遞給副腎皮質荷爾蒙（可基佐爾）。

闡明這種荷爾蒙和壓力間關係的是，加拿大生理學家漢斯・希立業博士。他認為人體內有適應壓力的熱能而提倡耗盡這個熱能，即會死亡的「壓力學說」。

距今約三十多年前，漢斯博士首先使用壓力做為醫學用語，他的學說在世界上引起極大的迴響，而翻譯一詞也助長這個語詞變成人們慣用的日常用語。有許多人在希立業博士的壓力學說刺激下，開始從事荷爾蒙的研究。

他將人體因壓力所產生的反應命名為「一般適應症候群」，將其分成「警戒反應期」「抵抗期」「消耗期」等三個階段，而在第一個警戒反應期中又分為打擊反應期與反打擊反應期。以下簡單地說明各階段會引起何種反應。

①警戒反應期——

當我們承受精神上或肉體上的壓力後，身體完全處於被動狀態，血壓降低、血液變濃、毛細管滲出血液、血液的鈣質減低等造成衝擊狀態。

這時所分泌的是副腎皮質荷爾蒙，這個荷爾蒙會對全身器官造成作用而解除衝擊狀態，以便身體恢復正常。我們自覺的症狀有肩痠、畏冷症、胃腸不適、心臟的悸動等。

②抵抗期——

荷爾蒙一再地分泌，和壓力正面搏鬥的時期，人的身體已完全地適應壓力。因此，症狀緩和或消失，表面上呈現恢復的狀態。但是，在壓力持續的過程中，荷爾蒙的分泌增加數倍，因荷爾蒙的失調而掩蓋住壓力的狀態。

③消耗期——

荷爾蒙戰力耗盡而無法抑止壓力，發現壓力病或瀕臨死亡的狀態。希立業博士將我們身體適應壓力的能力稱為適應熱能，他認為當這個熱能失去後即完全失去抗力，症狀也會再次浮現，身體漸漸消耗而走上死亡的絕路。

當我們感到壓力時體內會有上述的變化。也許各位認為只有少數人會因壓力而死，其實這是因死亡證明書上記載著其他病名的緣故。

如果顧及壓力是腦中風、胃癌、心臟發作等的導火線，因壓力病而死亡的人數年年激增。而中高年者的自殺也與日增多，其原因多半也是壓力造成的神經衰弱。

希立業博士認為，瀕臨死亡前的三階段反應，完全是腦下垂體所分泌的副腎皮質刺激荷爾蒙與副腎皮質荷爾蒙所引起，但目前已得知是因更多的荷爾蒙的相互作用的結果。

最近，促使副腎皮質荷爾蒙分泌的CRF，或刺激成長荷爾蒙分泌的GRF等視床下部荷爾蒙的化學構造已然瞭解，利用這些荷爾蒙的測定，已證實希立業學說的正確性，這已成為荷爾蒙研究者的話題。

總而言之，當各位感受到壓力時，體內會有多數荷爾蒙產生異常分泌，為的是與壓力對抗。所以，所有的壓力病可以說是荷爾蒙失調的結果。

(2) 預防癌症

擊退癌症的荷爾蒙均衡

從調查中發現，目前多數人最畏懼的疾病的癌症。從四人中有一人因癌症而死亡的事實看來，也是理所當然。

但一般認為，任何的人體內會經常製造癌細胞。所以，各位讀者的體內目前也有癌細胞的繁殖。

但只要身體健康，在癌細胞增殖之前，會被大食細胞或攻擊細胞（NK細胞）所擊退。那麼，癌症會在何時發病?從結論而言，是在荷爾蒙失調的時候。

人的體內是因各種荷爾蒙彼此協助，讓細胞隨時處於最容易活動的狀態。

這個現象稱為「體內環境穩定」（homeostasis），或內部環境（相對於外部環境的體內環境）的恆常性，只要能維持體內環境恆常，對抗癌細胞的大食細胞等即可健康地活動。

而大食細胞具有增強活力的糖蛋白質。當感覺癌細胞或細菌侵入的異常時，會製造糖蛋白質，但這也是保持體內環境恆常的狀態下，才能毫無障礙而順利地生產。

糖蛋白質和大食細胞間的關係非常有趣，若無糖蛋白質，靠近癌細胞的大食細胞因不明其身份而未採取攻擊的態勢。

但如果糖蛋白質給予旺盛的活力，大食細胞會判若兩人地與癌細胞奮戰。牢實地附著在癌細胞上直到其死亡。

所以，只要身體健康而荷爾蒙保持均衡，癌細胞不僅不會繁殖且會被擊退。但如果體內荷爾蒙失調，大食細胞或NK細胞既無法順利活動，也不能生產糖蛋白質，結果使癌細胞趁虛而入，開始繁殖。

掌握糖蛋白質生產關鍵的是，助骨內側的胸腺所分泌的荷爾蒙。

去除壓力可抗禦癌症

本世紀威脅世界各國人民安全的是愛滋病。各國為了預防愛滋病的蔓延，已致力於患者的早期發現及預防愛滋病的宣傳。

罹患愛滋病後會變成免疫不全，其實癌症也和免疫有密切的關係。而左右免疫力的是胸腺荷爾蒙。

人的體內具有辨別由外部侵入的有害物體或體內形成的異物，並給予排除的機能。譬如，假設你感染了流行性感冒的抗原體。結果，你的體內會有大食細胞等附著在抗原體上消弭其破壞力，同時迅速地製造抗體物質。製造抗體物質的能力就稱為免疫力。

製造抗體不可或缺的是淋巴球的機能。淋巴球為了獲得製造抗體的能力，必須藉助胸腺荷爾蒙之力。譬如，將剛出生的白鼠割除其胸腺，白鼠即不再成長，淋巴球數也減少，造成和愛滋病類似的免疫不全而死亡。

換言之，胸腺荷爾蒙對由幼童成長為成年人的成長過程有著重要的職務，同時，具有提高免疫力的功能。而前述的糖蛋白質也是這種荷爾蒙賦予發揮作用的T細胞（一種淋巴球）所製造出來。

所以，只要荷爾蒙的分泌正常並不需畏懼癌症。但問題是胸腺在很早的時期即開始衰微。在十～十二歲左右其重量達到最大。此後即開始縮小，到了七十歲幾乎已無法產生任何機能的狀態。

從胸腺的萎縮時期看來，不難明白何以老人的癌症患者居多。另外，一般認為只要能維持胸腺荷爾蒙的分泌，即可抑止老化的速度。但可惜的是，目前尚無法真確地掌握這種荷爾蒙的實態。

癌會分泌荷爾蒙

如果在本來不會分泌荷爾蒙的部位一再地分泌荷爾蒙，自然會攪亂全體荷爾蒙的均衡。第二章曾說明妊娠時胎盤會分泌荷爾蒙，這是為了胎兒的成長。但不必要卻逕自分泌荷爾蒙的是癌。

譬如，甲狀腺髓樣癌會分泌卡爾希寧或副腎皮質刺激荷爾蒙，肺癌會分泌副腎皮質荷爾蒙、卡爾希寧、高血糖素等，分泌十幾種不同的荷爾蒙。

癌細胞會混亂體內環境恆定，為自己製造適合增殖的環境。當血液中的荷爾蒙量增多，自然會出現分泌過剩的症狀。胰臟癌或胸腺癌也會分泌各種多餘的荷爾蒙。

譬如，如果男性的癌分泌了性腺刺激荷爾蒙，乳房會有如女性般地豐滿，若分泌甲狀腺刺激荷爾蒙之類的物質，則呈現巴塞多症的症狀。若分泌副腎皮質刺激荷爾蒙，會有色素沉澱、肌力萎縮的症狀。

以下介紹卵巢癌分泌使鈣質上升的荷爾蒙的例子。

三十歲主婦。約三個月前出現口渴而多量飲水、夜間頻繁上廁所、常便秘等症狀。尤其是上下樓梯時提不起勁，食慾減退而瘦了四公斤。最近因右下腹部有硬塊而來院檢查。

從這個病例發現，血中的鈣質相當高，右卵巢長癌，動手術後症狀也趨於好轉。這個病例是因卵巢分泌使鈣質提升的荷爾蒙，造成口渴、多飲、多尿或食慾不振等症狀。

除了此例外，末期癌症也常見血中鈣質提升而失去食慾的例子，治療上只要降低其鈣質量即有驚人的效果。有數種因癌症而增加鈣質的物質，還有增加白血球、與副甲狀腺荷爾蒙類似的物質。

亦即，如果出現前述的荷爾蒙分泌過剩的症狀，不僅要懷疑是荷爾蒙失調，也有癌症的可能。目前也有從相反的方式，研究利用荷爾蒙的調查以求早期發現癌症，但可惜的是目前尚未實用化。

乳癌是女性癌症的榜首

女性象徵的乳房如長癌，必須割除乳房。這是女人最為心痛的事。但罹患乳癌的患者年年增加，據說二十一世紀將成為女性癌症的榜首。

曾幾何時，一般人認為乳癌的原因是女性荷爾蒙。

女性荷爾蒙有卵胞荷爾蒙及黃體荷爾蒙兩種，而卵胞荷爾蒙被認為是致癌的元凶。雖然經過後來的研究已除去卵胞荷爾蒙為兇手的污名，但發生乳癌後卵胞荷爾蒙確實會助長其發育。

雖然癌症的放火者另有他人，但在燃燒的火燄上火上加油的，卻是卵胞荷爾蒙。這一點從摘除乳癌患者的卵胞荷爾蒙而抑止癌的蔓延、減輕疼痛的事實即可確認。

所以，癌中會因某特定的荷爾蒙助長其增殖，也會因某些物質抑止其蔓延，這稱為荷爾蒙依存性的癌。其代表除了乳癌與卵胞荷爾蒙之外，還有前列腺癌和男性荷爾蒙、被稱血癌的白血病或淋巴肉腫與副腎皮質荷爾蒙。

男性荷爾蒙和卵胞荷爾蒙同樣地會對前列腺癌火上加油，而副腎皮質荷爾蒙又具有抑止白血病、淋巴肉腫蔓延，撲滅其火勢的作用。

癌症的治療法除了放射線療法、投藥之外，還有內分泌療法。發揮內分泌療法效果的是，這類荷爾蒙依存性的癌。

以乳癌為例，投服男性荷爾蒙可以減弱卵胞荷爾蒙的機能，出現減輕疼痛、增進食慾的效果。但為此必須投服大量的男性荷爾蒙，因而無法避免聲音變得粗糙、臉上長青春痘、體毛變多等男性化現象。

為了對抗癌也是莫可奈何，不過，最近已開發了沒有男性荷爾蒙的副作用，且對乳癌具有療效的荷爾蒙劑。

乳癌中又有對卵胞荷爾蒙或黃體形成荷爾蒙，是否有受容器的分別，有受容器者利用男性荷爾蒙療法或服用女性荷爾蒙誘導體，注射此受容器以抑制女性荷爾蒙的作用深具療效。

而胃癌中也有女性荷爾蒙具有受容器者，這些例子也可利用女性荷爾蒙的誘導體發揮療效。

前列腺癌為了去除男性荷爾蒙的影響，必須摘除睪丸或投服女性荷爾蒙也有效果。

做卵胞荷爾蒙的血液檢查即可預防乳癌

英國國立的癌研究基金J・穆亞先生和G・克拉克先生發表了與乳癌相關而令人感興趣的研究資料。

據說他們調查接受乳癌健診而做血液檢查的四千五百名婦人，數年後的健康狀態，發現雖有二十九名婦女發生乳癌，但這二十九名血液中的卵胞荷爾蒙量都比正常人來得多。

這個調查結果證明了卵胞荷爾蒙分泌較多者，亦即這種荷爾蒙混亂者較容易罹患乳癌。荷爾蒙失調會助長癌細胞的發育，乳癌也不例外。

因應之策是利用血液檢查的乳癌預防。檢查結果如果發現卵胞荷爾蒙失調，只要調整其失調的狀態即可防範乳癌於未然。

不過，這個畫期性的預防法必須幾年後才能實現。因為必須調查東方女性是否和英國女性一樣，卵胞荷爾蒙越多越容易致癌。

總而言之，這個研究結果暗示了如果荷爾蒙的研究再進步，也許有可能從荷爾蒙的失調狀態預測其他癌症的發生。

但我們卻無法坐以待斃。因為您的乳房目前也許正有癌細胞的增殖。其實，乳癌的有無，可用自己的手觸摸得知。

最容易發生乳癌的部位是兩側乳房的外側上方，每次入浴時以此為中心自行檢查。如果發現有硬塊，數天後也不消失，應立即接受檢查。目前早期發現是不必割乳房的唯一方法。

⑶ 治療高血壓

利用手術治癒的患者高達數十萬人

「不減肥不行、不能吃太鹹、不可做劇烈運動。什麼都不行，煩死人了。而且每天還要吃降壓劑，有沒有什麼辦法救救我啊！」

這是所有高血壓患者共通的嘆息。在台灣，高血壓患者為數相當驚人。

而更麻煩的是原因不明的本態性高血壓患者佔全體的九〇%。既不懂原因也無治療法，目前只能利用飲食生活的改善或持續數十年服用降壓劑才勉強預防血管暴裂。

但事實上，自認為是本態性高血壓的患者中，也有為數甚多利用手術可能療癒的患者。

其代表是，由副腎所分泌的副腎髓質荷爾蒙過剩，所造成的副腎皮質荷爾蒙症等疾病。這種荷爾蒙具有在體內儲存鹽份的功能，而鹽份能使血管收縮。

高血壓患者中，尚未察覺此病因者，據推測亦不在少數。這些人多數是因副腎長有能分泌副腎皮質荷爾蒙的腫瘍，不過，只要割除腫瘍，血壓立即能恢復正常，但因不知情而倚賴降壓劑。

如果你是伴有頭痛、肩痠、目眩、耳鳴等症狀，或多飲、多尿、手足麻痺的高血壓患者，應該懷疑是否是這種荷爾蒙過剩。尤其是三十～五十歲層的女性要特別注意。其實只要抽血檢驗，即可輕易瞭解是否是這種疾病。

而八〇％因可基佐爾副腎皮質荷爾蒙過剩，所引起的庫興症候群也會變成高血壓，卻為人所疏忽。

副腎髓質若長腫瘍，會形成副腎髓質荷爾蒙或新腎上腺素的分泌過剩的褐色細胞腫瘤。這是二十～四十歲層者常患的疾病，其中也有人會變成高血壓。

若是併發糖尿病的人、帶有頭痛、發汗、心悸、消瘦等症狀者，必須接受檢查。

高血壓的直接原因是血流量增多與血管的抗力增大。譬如，試想水管接在水龍頭的情形。完全打開水栓時，水量增多而流勢增強。或用指頭按壓水管，管道也同樣會增強其流勢。

血壓也是一樣，血流量增加、輸送血液的心拍數增加、膽固醇滯留於血管壁阻礙血流或血管收縮等原因，會增加血管內血流的流勢而變成高血壓。

那麼，何以血液量會增加、血管會收縮呢？當然，掌握其關鍵的是荷爾蒙，而且幾乎是承受壓力時所分泌的荷爾蒙。

以下簡單地說明，壓力造成血壓上升的原因。

你的高血壓是因壓力而來？

有些人的血壓平常並不高，但當醫師測血壓之前會突然上升。而高血壓患者中常見這樣的人。最近家庭用的血壓計相當普遍，有些患者在家裡測量血壓只有一四〇左右，但由醫師測量時則高達一六〇以上，結果懷疑其中數值真偽。

血壓正常者因內臟疾病住院，聽說必須動手術，也會有血壓上升的情況。其中有人會暫時地出現最高壓超過二〇〇，最低壓也有一六〇的數值，光是這個血壓值就是相當危險的狀態。

這些都是典型的壓力所形成的血壓上升。前者是因擔心血壓數值上升，而將手臂伸向醫師面前時，體內的副腎髓質荷爾蒙或新腎上腺素不停地分泌的結果。

這些荷爾蒙會增加心拍數、收縮血管，因而會暫時地使血壓上升。

而後者的原因通常是對疾病的恐懼，尤其是對癌症的恐懼會促使血壓上升。起因是誤解醫師的診斷，一再疑惑自己是癌症患者，在這個疑慮下而使血壓上升。

其結果，壓力會變慢性化。於是所分泌的是可基佐爾（副腎皮質物刺激荷爾蒙），這種荷爾蒙具有儲存體液的功能，也會增加血液量。

當壓力持續時，體內也會分泌調節水份的帕佐布雷辛（抗利尿荷爾蒙）。結果再度吸收腎臟所濾過的水而增加血液量。

由此可見，承受壓力時血壓之所以敏感的上升，是壓力看準了體內與外敵作戰有密切相關的慣用手法，亦即利用出血減少體液。

大量出血時為了減少水份的流失，血壓會上升而維持血液的循環。人體的結構的確巧妙，但這個巧妙的機能出現反面效果，則是碰到精神壓力時。

我們也知道壓力會增加血液中的膽固醇。不僅血壓上升，也連帶地使膽固醇增加。結果引起動脈硬化，使得血壓上升由暫時現象變成慢性化。

所以，因壓力而造成的荷爾蒙失調，是一再地製造高血壓患者的元凶。對血壓正常的人而言，消除壓力才是預防高血壓的對策。

如果目前你有高血壓的傾向，應可瞭解鬱悶、煩惱對身體有何不良的影響。除了必須遵從醫師的指示外，不必因血壓測定的結果而忐忑不安，它只會使高血壓症狀日益惡化。彷彿自己主動促成壓力上升。

與其自怨自艾，毋寧比正常人更留意壓力的消除法。因為也許你的高血壓也是因壓力而起。

增加血壓與降低血壓的荷爾蒙

腎臟所肩負的責任極為重大，它會排泄水及鹽份，並再度吸收一旦過濾後的鹽份。但這些並非由腎臟本身做判斷，整個機能的調節者是由副腎皮質所分泌的副腎皮質荷爾蒙。

有趣的是，這個荷爾蒙雖由副腎皮質所分泌，卻不受副腎皮質刺激荷爾蒙的影響，它是因血液中某種物質的刺激而分泌。製造這個物質的大本營是由腎臟所分泌的腎活素（renin）荷爾蒙。換言之，腎活素的分泌量越多，副腎皮質荷爾蒙也會增加而促成血壓上升。

腎活素會因體液中鹽份不足、血液中的副腎髓質荷爾蒙量增多、血液量減少等刺激而分泌。譬如，因腎臟血管障礙而使流入腎臟的血液量減少時，腎活素會分泌，使得血壓上升。

目前被認為原因不明的本態性高血壓病的患者中，約有六分之一是因腎活素分泌過剩，尤其年輕人高血壓症是常見的類型。

但相反地，本態性高血壓症的患者中約有三分之一的腎活素比正常人少。腎活素少會使應下降的血壓上升。目前尚無法瞭解其原因，但據推測也許體內有和副腎皮質荷爾蒙同樣地儲存鹽份，而尚未發現的荷爾蒙。

腎活素雖少但因其荷爾蒙的分泌過剩而使血壓上升。腎臟的血管因動脈硬化而阻塞時，腎活素會大量分泌變成腎血管性高血壓。這是可利用手術治療的高血壓症最常見的類型。

不過，腎活素也可輕易地測定，高血壓患者最好接受檢查。

提高血壓的荷爾蒙是副腎皮質荷爾蒙、副腎皮質刺激荷爾蒙或新腎上腺素、帕佐布雷辛等，而降低血壓的荷爾蒙是前列腺素、腎活素等，還有最近在心臟所發現的鈉利尿荷爾蒙。人的血壓是由這些提升、下降血壓的荷爾蒙之間的制衡關係而決定。

換言之，上升的荷爾蒙多或下降的荷爾蒙少時血壓會上升。目前，原因不明的本態性高血壓，據推測也可能是下降血壓的荷爾蒙不足所引起，但卻未獲得證實。

第四章

創造不老與活力的荷爾蒙均衡

(1) 增強性能力

性能力萎縮的男人和增強的女人

「如果性機能衰弱的男士一再地增加，也許將破壞一夫一妻制的結婚型態？」因陽痿或性慾減退的男士與日俱增，使某些學者有如此的疑慮。不僅是中高年層，二十、三十歲層處於壯年的男士患者越來越多，似乎已不能對一夫一妻制的婚姻結構崩潰一笑置之。

不得不承認性慾衰弱男士激增事實的研究也陸續地發表。譬如，佛羅里達大學的拉爾夫・德哈迪博士在檢查學生一cc精液的精子數時，發現有四分之一的學生竟然只有兩千萬以下。兩千萬的精子乃是否足以使女性懷孕的最低數字，這些學生結婚數年後，極有可能出現因男性所造成的不孕症。

而且據說精液中還含有PCB等各種污染物質。不僅造成不孕，極有可能出現畸型兒。雖然，不知國人男性精子數有何變化，但若顧慮生活環境上的各種壓力與公害問題，實在令國人男士們難以安心。說不定比美國有更多性能力衰弱的男性。

女性性意識的變化無庸在此多做說明，但相對於女性開始主張獲得性快感是一種應有的權利，男性的性能力卻一蹶不振。這種情況只會加深男女間的差距，性生活的不一致所造成的離婚或妻子的紅杏出牆日增也是理所當然。

其實，女性的性慾永無止境。而男性性慾本來也應維持到死前。

但現狀卻誠如文頭所示。因此，本章節除了說明男女間性荷爾蒙的機能外，將探討使男性性衰弱的原因，並從荷爾蒙均衡的觀點為各位介紹男人的強精法，以及使女性獲得更大高潮的方法。

性腺刺激荷爾蒙維持均衡才是強壯男性的第一條件

維持健全的性生活，最重要的是腦下垂體所分泌的性腺刺激荷爾蒙。這種荷爾蒙有卵胞刺激荷爾蒙及黃體形成荷爾蒙，如前所述，它們與女性的性週期密切相關，而這些荷爾蒙也會從男性的腦下垂體分泌，同時形成精子及分泌男性荷爾蒙的重要角色。

精子的製造不僅是卵胞刺激荷爾蒙，男性荷爾蒙也是不可或缺的要素。因為只要卵胞刺激荷爾蒙順利分泌，男性荷爾蒙的分泌越多，精子數也會增加。換言之，精子數和男性荷爾蒙量成正比。

性慾旺盛的男性精子數越多，前述哈迪博士報告中指稱的一ＣＣ精液中只有兩千萬以下精子的男性，通常男性荷爾蒙的層次較低，性慾也不強。非但如此，也有報告指出這些人只要一步踏錯，恐怕對女性失去興趣而有同性戀的傾向。

根據在華盛頓大學持續男同性戀研究的可羅德納博士的報告，男同性戀者的精子數以及男性荷爾蒙的分泌量都比一般的男性少。有關男同性戀的問題有社會上、習慣上等要素的影響，光憑這個資料並無法斷言與荷爾蒙之間的關係，但卻可以推論荷爾蒙應有某種的異常。

男性荷爾蒙減弱在各個方面會剝奪男性應有的男子氣概。從白鼠等動物實驗中發現，如果切除精巢，使白鼠處於無法分泌男性荷爾蒙的狀態，雄鼠會採取雌鼠的性行為。

雄鼠本來騎乘在雌鼠背上表現射獵的行動，但卻以彎背落腰的姿勢表現迎合雄鼠被領導的行動。這是令人聯想到男同性戀的行動，但卻不能以此比照人類。

不過，從實驗卻可推測這樣的男性，將對男人的義務失去積極性或以義務性的性行為搪塞。

變成性感的男性

有些男性可以取悅貌美的女性，但與自己的妻子相處卻變成陽痿。出現這樣的現象可說是人的性愛關係中最為人性的特徵。因為人類以外的動物根本不會出現這種現象。

所有的動物幾乎都有發情期，而其發情期都由荷爾蒙所支配。因此，研究者都利用注射性荷爾蒙使被實驗動物發情。當然，人類也是動物之一，同樣地也可以利用荷爾蒙使性慾復甦，而使人類發情的是男性荷爾蒙。

女性也是一樣，使性慾產生的並非女性荷爾蒙，而是由副腎所分泌的男性荷爾蒙。因此，如果因不定愁訴症候群或子宮肌瘤等疾病使用男性荷爾蒙治療時，發現女性的性慾有增強的趨勢。因此，男女如果男性荷爾蒙的分泌層次較高，性慾也會變得旺盛。

但是，人類的性並不只受荷爾蒙支配。荷爾蒙及自律神經中樞的視床下部的上位，有比任何動物都發達的大腦皮質，大腦皮質的功能使人類的性異於其他的動物。

換言之，人類具有兩種提高性慾的管道，其一是男性荷爾蒙對位於視床下部的性慾中樞產生作用；其二是眼、耳、鼻等五官而來的刺激聚集於大腦皮質，從此傳達到性慾中樞的管道。

另外一種控制性慾的體系，可以說是區別動物與人類最重要關鍵。只要精神正常，絕不因有性慾衝動而不分對象即撲向前去。因為大腦皮質會向性慾控制中樞傳達「不可和某某人發生性關係」「不可在人前表現性行為」之類抑制性慾的信息。

所以，我們可以憑自己的意志控制性慾。譬如，對於抱著「絕對不可有婚外情」觀念的人而言，即使對配偶以外的任何異性產生性慾，也無法直接做出性行為。因為「不可有婚外情」的觀念在無意識會抑制性衝動。

對於認為「婚前不可有性行為」的女性而言，這個觀念本身即會做為抑制性慾的信息，傳達給性慾抑制中樞，而認為「只要喜歡，發生性愛也是理所當然」的女性，只要覺得「喜歡」這個感情會立即從大腦皮質傳達到性慾中樞，甚至提高性慾。

由此可見，人的性和個人的性格或對性愛的觀念有極密切的關係。因此，美國等地將這類全人格的性稱為性感（sexuality）和性行為的SEX做區別。如果SEX是由荷爾蒙所支配的性，那麼，sexuality則是由大腦皮質所控制的性。

所謂強壯的男性應是指具有性感的男性。認識性的重要也會認真地思索如何才能使彼此獲得滿足，享受更充實性的人。陽痿等症狀是和充滿性感的男人無緣的。

三十、四十歲層的陽痿原因是腦中的肉瘤

造成陽痿最大的原因是心因性陽痿，約佔全體的七十%，而荷爾蒙分泌異常約佔二十%，神經障礙者佔五%，其餘則是因陽具畸型或血管肌肉的器質性異常所造成。在荷爾蒙分泌異常的病症中，目前最受矚目的是，因腦下垂體所分泌的催乳激素分泌過剩，而形成的高催乳激素症。

男性若分泌過剩的催乳激素，會抑止男性荷爾蒙的分泌，結果變成陽痿。而且，腦下垂體的腫瘍會一再地形成、分泌催乳激素，有這種腫瘍的男性為數越來

越多。

但男性即使是因催乳激素的高分泌造成陽痿，卻因沒有女性的無月經之類的症狀而難以察覺，結果造成腫瘍日益變大。以下所介紹的陳先生就是其中一人。

患有原因不明陽痿的陳先生，前去洽談的是腦神經科的醫師，這位醫師以往曾為多數陽痿患者治療過。陳先生現年四十二歲，是某公司的課長，他說可能是工作壓力累積所造成的結果。而醫師也認為可能是最近激增的心因性陽痿，於是持續一年左右為其做消除心因的治療，但卻毫無恢復的跡象。

有一天，陳先生突然戴著眼鏡來了。詢問原因，陳先生說：「突然覺得視力變差……，本以為是老花眼，檢查的結果竟然是近視，到了這把年紀才患近視，不知是悲還是喜。」

聽完這番話的醫師產生疑慮，立即為其做視野的檢查，果然不出所料，陳先生罹患的是外側性半盲。外側是靠近耳朵的部份，這個部位已看不見，結果造成視野狹隘。

這是腦下垂體的腫瘍變得太大，對附近的視神經帶來障礙所引起的症狀。此外，因催乳激素的作用會分泌乳汁，這也是高催乳激素症的特徵之一。

因此，陳先生已具有高催乳激素症的嫌疑，被送到大醫院，檢查的結果，發現腦下垂體的確有腫瘍，而且已變得相當大，治療的方法是動手術割除。而其效果戲劇性地出現，陳先生報告說，手術的數天後陽痿症狀已消失無蹤。

由這個例子發現，高催乳激素症者只要摘取腦下垂體的腫瘍，即可迅速地回復。但是，原本有一般的性生活卻突然變成陽痿的患者，通常不會認為是器質方面障礙所引起，倒深信是壓力等心因性所造成。

因此，在醫師的面前會一再地訴說工作上的壓力與發牢騷，醫師通常受到這個暗示而信以為真。其實只要測定男性荷爾蒙或催乳激素分泌的狀態，立即可瞭解是否是心因性的陽痿，但往往會省略掉這個步驟。

目前因陽痿而煩惱的患者中，一定有為數甚多的高催乳激素症。幾乎可以推斷為數甚多，幾乎十人中有一人原因是高催乳激素症。如果你現年三十或四十多歲患有陽痿，必須懷疑是否腦下垂體長有腫瘍。

腫瘍並非癌症等惡性的瘤，只要動手術割除即可治癒，無需惶恐。如果腫瘍小而不必動手術，也可使用葛羅莫克里布基的特效藥。

因催乳激素過剩而造成不孕的女性，服用此藥會具有相當大的效果，它會使患者立即產生月經，只要時機配合得當也可能立即受精懷孕，所以，如果是不必動手術的陽痿，應懷疑是催乳激素過剩。

甲狀腺荷爾蒙的減弱或甜食的過食也會使男人衰弱

甲狀腺荷爾蒙的不足會加速老化，非但如此，眾所周知的也會減低性能力。無精打采或慢性疲勞不僅會抑止性慾，還會催促催乳激素的分泌。

結果，男性患者會對睪丸產生作用而抑止男性荷爾蒙的分泌，使得性慾日益減退，有不少人變成前述的陽痿。換言之，甲狀腺荷爾蒙不足和腦下垂體產生腫瘍的情況類似，會造成催乳激素分泌的增加。

和甲狀腺荷爾蒙同樣地，因分泌不足而使催乳激素增加的荷爾蒙，有副腎所分泌的兒茶酚胺（catecholamin）荷爾蒙。尤其是兒茶酚胺荷爾蒙之一的德帕明荷爾蒙，它是催乳激素的監視人，在女性授乳期以外，如果多量分泌催乳激素會有不良影響，因而會抑止其過度分泌。

但是，美國的布利卡姆・榮格大學的馬克卡邦博士報告說，持續給實驗鼠加糖的食餌時，副腎即不再分泌德帕明荷爾蒙。結果不再有監視人在旁控制的催乳激素會肆無忌憚的分泌，相對地性能力漸漸衰弱。

雖然尚無法確定白鼠實驗是否能適用於人類，但白鼠和人都是哺乳動物，同樣地有與授乳相關的荷爾蒙，因此，人類應有類似的反應。即使不像實驗鼠從此不再分泌德帕明荷爾蒙，但其分泌減弱的可能性相當大。

如果你喜愛甜食要特別注意，砂糖不僅是造成肥胖的原因，也要謹記它是減弱性能力的因素，儘量減低其攝取量。

激增的新婚陽痿元凶是考試壓力

據說，最近成為話題的新婚陽痿的患者，其共通的特徵是性未成熟。由於未成熟動輒失去自信、感到不安而造成陽痿。不僅是新婚陽痿的患者，多數年輕人都有這個共同的缺陷。

造成未成熟的元凶是考試壓力。迫使思春期的年輕人持續睡眠不足狀態的考試壓力，才是造成年輕人性衰弱，不容忽視的最大原因。進入思春期後性荷爾蒙的分泌會激增，出現第二次性徵，而性荷爾蒙中的黃體形成荷爾蒙在睡眠中會多量分泌。

睡眠中增加分泌量是思春期的特徵，長大成年之後不再受睡眠的影響，一天中反覆一定的分泌。思春期之所以在睡眠中會增加分泌量，是睡眠中所分泌的性荷爾蒙產生極重要的機能。

但是，在考試壓力下幾乎刻意減少睡眠時間的年輕人何其多。這種現象會減弱睪丸或卵巢的發育，使性荷爾蒙的分泌變弱。它不僅會減弱性能力，極有可能阻礙男性變得男性化或女性變有女人味的可能。

最近的年輕人雖然身材瘦削，卻個子高大，這也是因思春期的男性荷爾蒙不足，造成骨骼的成長拖延進行的重大原因。

對於思春期的睡眠不足造成性能力衰弱的男性、加速男女的中性化的事實，教育家、政治家都應該認真地面對這個問題。目前考試制度的改革正喧囂塵上，但即使是放鬆大學入學考試，嚴加審查畢業資格等方法，若無法將思春期與應考的時期岔開，將難以阻止軟弱的男性或剛陽氣的女性的出現。

任何人都可以一生享受性愛

至今還有許多男性誤信性機能的最高潮在十歲層，此後會一路下滑。而且，到了四十歲層後會突然變成這類妄想的俘虜。本來應該是享受魚水之歡的充實時期，卻因這個觀念而變成畏懼成老人性陽痿的灰色時期。

從深信「上了年紀已不行」的瞬間，這個觀念變成抑止性慾的要因，如前述這個信息會從大腦皮質傳達到視床下部，即勃起中樞，結果迫不得已的體驗到勃起力衰弱、性能力漸趨萎縮的事實，這真是愚蠢之至。

停經期的女性也是一樣。一旦覺得自己再也不是女人，就會抑止性慾，相反地，覺得從此不必擔憂懷孕而盡情享受時，性慾會日漸旺盛，且能體驗更大的快感。

停經是因卵巢機能減弱而引起。所以，以停經為境界線，女性荷爾蒙的分泌也會從此急遽地衰弱。這樣的女性越來越多，但並無更年期且男性荷爾蒙分泌也不衰弱的男性，卻逕自慌張地以為自己的性能力已經衰弱。這種心理彷彿是畏懼鬼魅的兒童一樣。

當然，不會因年齡的增長而減弱性能力，卻也不能保證永遠健朗。人過七十歲後性能力的確會變得衰弱。但各種資料顯示，七十歲以前幾乎擁有和二十歲層的壯年同樣的性機能。

男性荷爾蒙的分泌量在六十五歲之前幾乎不會改變。而且六十五歲過後也不會急遽地減弱，會以徐緩的曲線隨著年紀高達七十歲、八十歲而慢慢地減弱。

女性也是一樣的情況。以下為各位介紹一位丈夫於二十五年前去世，現年七十二歲，與七十六歲男性再婚的女性的例子。這個例子是取自日本老年社會科學會會員的吉澤勳先生的報告。

新婚旅行之前來院檢查，表示膣口黏滑液不足，擔心是否能性交。於是，指示其在性交前用橄欖油塗抹彼此的性器。翌日，獲得她的報告。

「醫生，性交沒問題。」

一個月後取得聯絡，她欣然地說：「最近會自然分泌了，不再需要橄欖油。」

從這個例子發現，只要身體健康，任何人都可以在平均壽命之前充分地享受性愛。四十、五十歲層的人，卻逕自煩惱不久是否將失去性能力，簡直是庸人自擾。既有此閒暇煩惱不如積極地鍛鍊身體，努力預防成人病。因為高年齡者的性機能的大敵是疾病、老人癡呆。

任何陽痿只要打一針

陽痿中治療最簡單的是因荷爾蒙失調所引起的陽痿，從前述催乳激素的例子即可瞭解，這類情況可以利用手術或具效果的藥物戲劇性的回復。相反地，難以治療的是神經系的障礙，目前回復的希望微乎極微。

因此，目前歐美普及做為治療法是普羅斯提希斯插入術。所謂普羅斯提希斯是人工的代替品，簡單地說，是利用在陰莖上插入棒狀支撐物使其代替勃起。

治療法相當原始，但它卻能使陰莖完全插入膣口，還具有手術簡單的優點。不過，在陰莖插入異物對患者會造成心理上的排斥感，因而在國內尚不及歐美的普及。

新型的治療法已經問世，那是前列腺素（prostaglandin）E_1的海棉體直接注入法，它可說是這些患者的一大福音。而在此所使用的前列腺素，和做為排卵誘發劑使用者稍有不同。

E_1具有遲緩血管平滑肌的作用，也是深受矚目的血壓降下劑。利用E_1直接注射於陰莖的海棉體，造成海棉體血管擴張、增加血流量的而使其勃起，這正是前列腺素E_1的海棉體直接注入法的目的。根據從事這項研究的報告，在七一例中只有五例沒有任何反應。而完全勃起者有五九例，成功率高達七二％，幾乎達到其目的。

注入後只花二～三分鐘即開始勃起，持續時間為二～三鐘頭。換言之，只要在每次性交時注入即可，數年之後應該會使用比前列腺素E_1更方便的藥物，也許可在家庭自行注入。

如何獲得更大的高潮

男女之間的性，最大的不同是高潮。隨著性經驗的累積會體驗到高潮，而一旦經歷過高潮，即可連續數次感覺到這種無以言喻的興奮。造成女性高潮的大腦皮質，和性荷爾蒙毫無關係。換言之，對女性而言，「快樂的性」並不需要荷爾蒙。

不過，性交時當胸部被愛撫，自然會分泌催乳激素或子宮收縮荷爾蒙。這些荷爾蒙會促成胸部鼓脹，尤其是子宮收縮荷爾蒙會加速子宮的收縮，除了可加速高潮之外，更能獲得更大的高潮。

造成女性高潮不可或缺的是大腦皮質，它也是各種信息的控制中樞。所以，快感是在極微妙的相互作用下成立。

有些女性因所住的窄小公寓，擔心鄰人察覺，或在意子女的耳目，因而性行為中從未體驗過高潮。

也有女性自從丈夫在外拈花惹草之後而不再感到高潮。多數因冷感症而煩惱的女性，和男性的陽痿同樣地，都是因這些細微小事所造成。

所以，女性若要體驗更大的歡愉，必須消除對性造成的負面要素，讓大腦皮質儘量吸收更多有益的要素。譬如，放情調音樂或在燈光上下點工夫，或說些刺激性慾的話題，各種對性有益的要素，在大腦皮質融合後才會產生高潮。所以，製造適合性交的環境絕對不可等閒視之。

有人說腦筋好的女性感應度較好，這是因腦筋聰明的女性，對性的集中力較強，可藉由各種幻想使自己提高大腦皮質的興奮。

不要藉由物理上的刺激，自己努力製造高潮也是獲得充實性愛不可或缺的要素。唯有如此，女性才能真正地「用頭腦享受性愛」。

⑵ 預防老人癡呆症

老人癡呆症的原因是動脈硬化

預防老人癡呆症首先必須防止動脈硬化。我們的腦隨時需要多數的氧氣。腦的重量約體重的二%左右，但其所消耗的氧氣卻佔全體的二十%。腦細胞所使用的氧氣多於其他的細胞二十倍以上。

但是，產生動脈硬化後血液循環會變差，使得氧氣無法充分供給全身。而腦血管阻塞引起腦硬塞或腦出血後，腦細胞的損傷加劇而漸漸變得癡呆。

這種現象稱為腦血管障礙性癡呆，男性多於女性，從六十歲以後增多。

這種癡呆症的特徵是癡呆的症狀隨時改變。有時對家人說些風馬牛不相及的話，但在外頭的言行舉止卻非常正常，根本看不出是癡呆症。或者今天尿了床，翌日卻能主動到廁所小解等等。

據調查，患這種癡呆型最多。如果你患有高血壓則應更特別留意。無論如何必須預防動脈硬化。

智能全盤減弱的腦萎縮性癡呆

其次常見的是腦萎縮性癡呆症，它不僅會造成智能全盤的低落，無法正確地判斷事物，甚至語言也會變得支離破碎，甚至無法和家人進行溝通。這種癡呆症隨著年齡的增長而增加其發病率，尤其是七十五歲以上常見這種類型。

何以腦細胞會如此急速萎縮？目前尚無法瞭解其原因，但即使原因不明也可以預防。

年紀再大的老年人，如果仍然在工作崗位上活動，幾乎不會罹患癡呆症。這個事實暗示了老後生活的模式與是否罹患老人性癡呆有極密切的關係。

真正的老人癡呆症姑且不論其患者數，通常以腦血管障礙性和腦萎縮性癡呆佔居大多數。

但是，正值五十歲前後的壯年或不分年齡而癡呆的情況，以下針對其中的原因做一番說明。

造成精神分裂症或憂鬱症的荷爾蒙異常

腦中會分泌多數的荷爾蒙，而數目高達百億以上的腦細胞，各個都有五千左右的神經腱（突起狀），利用神經鍵與周圍的細胞連接。而經由神經腱所分泌的荷爾蒙，將訊息一一地傳達給其他的腦細胞。

譬如，感到憤怒時會分泌新腎上腺素，它會透過神經腱傳達給其他的細胞，結果周圍的細胞會群起產生憤怒的訊息。

傳達愉快或高興等快感的是德帕明，傳達恐懼、驚慌的是腎上腺素（adrenalin），傳達睡意的是5—羥色胺（serotonio），根據訊息的不同而分泌不一樣的荷爾蒙。

由神經腱所分泌而具傳達訊息功能的荷爾蒙，稱為神經傳達物質，各位應可容易地想像，當神經傳達物質失去均衡會造成什麼樣的結果。

譬如，德帕明過剩很容易引起精神分裂症，相反地，德帕明或新腎上腺素（noradrenalin）、腎上腺素（adrenalin）等缺乏時則易罹患憂鬱症。

荷爾蒙失調易患老人癡呆症

誠如疾病的原因是因荷爾蒙失調引起，腦部疾病的原因也可以說是腦中荷爾蒙失調所造成。

所以，我們也可以推測老人癡呆症的原因是腦內荷爾蒙的失調，只不過腦中荷爾蒙尚未獲得完全的解明。

在美國五十歲左右所造成的老人癡呆症有急速增加且造成問題的趨勢，有關這個「阿爾滋海默氏症」（早老性癡呆症）其直接原因已被認為是荷爾蒙的失調。

剛開始常會忘東忘西，慢慢判斷力、計算能力減弱，然後引起語言障礙而開始胡言亂語，這是阿爾滋海默氏症的特徵，目前已發現其發病的原因是，缺乏由神經腱所分泌的乙醯膽鹼（**acetylcholine** 神經傳達物質）。

有時也會出現幻覺或面對柱子說話，突然闖進他人家裡等特異行止，但感情平和，經常面帶微笑的癡呆症。

甲狀腺機能減弱也會變成老人癡呆症。在現今六十萬的老人癡呆患者中，也有數百分比原因是因甲狀腺機能減弱。

唯有這種類型的癡呆症可藉由投服甲狀腺荷爾蒙而顯著地恢復，如果親戚中有老人癡呆患者，為慎重起見最好接受檢查。

維持腦部健康應結交朋友、保持心胸開闊

不論原因為何，癡呆症並非突然來襲的疾病。而是三十歲過後慢慢地累積而成。正因為如此，您目前的生活態度正是掌握日後是否變癡呆的關鍵。

您如何利用休閒時間呢？成天為家事或工作而忙，完全沒有自己的時間，因工作感到疲憊不堪，每逢假日即在家睡大頭覺。這種現象毫無疑問的將變成癡呆症的犧牲者。

休養當然有益維護身體健康，但若要保持腦部健康，必須給腦細胞適度且廣範圍的刺激。在此說明如何維護腦部健康、使腦細胞返老回春的方法。

只要有「心」，實行起來非常簡單。「沒時間」之類的辯解對腦細胞是行不通的。如果不願意加入老年癡呆症的行列，趕緊從今天開始過有意義的生活。

首先，積極地閱讀書籍或報紙，寫日記或給朋友寫信，都是避免腦細胞衰弱

的方法。

另一個方法是結交做為終生的朋友。一般人年紀越大即懶得與人交往，結果朋友越來越少。當老伴先一步離開人間後，更沒有緬懷舊時光的伙伴了。

加深幼年時同伴的情誼或志趣相投的朋友之間的交流，注意避免陷入癡呆大敵的孤獨。

人生最好是能以開朗愉快的心情面對。它不僅能使荷爾蒙保持均衡、自律神經安定，又能預防老年癡呆症且能延年益壽。

不過，現實是殘酷的，並非每天都有令人愉快的事。擔憂、不快等情況有如家常便飯。但如果為此悶悶不樂或感到憤怒、厭惡，將變成對腦或身體造成各種障礙的元凶。

這時最重要的是心情、構想的轉換。譬如，在公司裡不得志而變成被冷落的窗邊族時，與其自怨自艾，不如感謝從此增加了為第二人生準備的時間。凡事朝對自己有利的方向解釋，可以大大地減輕腦的負擔。

性愛是腦全體所合奏的交響樂

「年紀一大把還……真齷齪！」「那把年紀還穿得這麼華麗……」「多少也想想自己的年齡吧！」

年紀一大，漸漸聽多的就是這類冷嘲熱諷。很可惜的是，我們的意識中還根深蒂固地殘存著：老人應該是超越一切的無慾、無念、無害的人。

也許你的內心深處也潛伏著「老人應該有老人的樣子」的念頭。這種偏見有時會約制自己的行為，有時則成為無形中的壓力，而剝奪了老人行動的自由。

最具代表的是老人的性問題。目前可能較少過了更年期之後即排拒性行為的女性，但一般隨著年齡的增大會漸漸地疏遠。而有多數的夫婦已沒有肌膚之親。

這種夫婦的腦部老化，比想像還快。其實，性愛關係是預防腦和身體老化的良藥。

人類的性和其他動物者完全不同。動物的性只為了延續種族，但人類的性則藉由彼此的歡愉加深雙方的溝通，是以獲得肉體與精神兩方面滿足為目的。

有人說性是精神的活動，此言一點也不假，精神的滿足會對荷爾蒙與自律神經中樞的視床下部、腦下垂體造成良好的刺激，使其遍佈整個腦部。

另一方面藉由肢體的活動可活潑位於腦的運動領域的細胞機能，而五官所受的刺激會使視覺領域、聽覺領域等機能變得暢旺，全身的碰觸可新鮮感覺領域的細胞。

所以，人的性是腦中所有細胞合奏的交響樂，是相當高度的精神作用。適度的性是預防老化藥。如何服用該藥是夫婦間必須溝通的問題。它也可以一併解決老後的性問題。

⑶ 返老回春的飲食法

效法長壽村的飲食法，遵守預防老化的飲食七大原則

自古以來對於長壽村到底採取何種飲食生活方式？從現地採訪以找尋預防老化的食物的研究未曾停止，雖然其中也有和荷爾蒙沒有直接關係的內容，但足以做為企求返老回春的飲食生活的參考，列舉以下七個項目做為預防老化、延年益壽的飲食生活。

①避免白米的暴食。
②進食肉、魚、蛋或大豆製品。
③儘量多吃青菜。
④少吃油但每日進食。
⑤常食海藻。

⑥ 儘量喝牛奶。

⑦ 最好吃水果，但吃水果後不可忽視蔬菜的重要。

的確是長年累月下現地調查的成果，確實巧妙地指出預防老化的重點。

海藻是甲狀腺荷爾蒙的材料

海藻沙拉是最近餐廳裡的新寵。也許因其有益美容而獲得年輕女子的青睞，但可惜的是，中年以上的人卻鮮少注意到海藻沙拉的好處。

尤其是中年男性，有人認為這是「女人的食物」而嗤之以鼻。眼睜睜地錯失攝取預防老化食物的機會實在可惜。這種人有許多是體內缺乏甲狀腺荷爾蒙者。

甲狀腺荷爾蒙的缺乏會造成老化現象，而這種荷爾蒙的原料是海藻中含量豐富的沃素。即使腦下垂體會分泌甲狀腺刺激荷爾蒙，下達指令儘早分泌甲狀腺荷爾蒙，但若無沃素的材料，甲狀腺也莫可奈何。

材料不足而無法製造，結果會造成分泌量的減低。但是，腦下垂體卻毫無所覺。只一再地增加分泌甲狀腺刺激荷爾蒙，並下達指令「甲狀腺在幹什麼?趕快分泌荷爾蒙！」在這個刺激下甲狀腺會腫脹起來。

其實，這種現象極容易發生。到無法吃海藻的地方，甲狀腺會立即反應其腫脹。新幾內亞或印尼、泰國等內陸地區的居民，有許多沃素不足的人，在喉嚨部份清楚地浮腫著有如蝴蝶張翅飛翔狀的甲狀腺。

海藻具有豐富的礦物質，除了沃素外還含有鈣質、鎂，的確是使人延年益壽的長壽食品。它是甲狀腺荷爾蒙的材料，能維持體溫、支配全身細胞的代謝，應養成每日進食的習慣。

不過，如果有巴塞多症有時會因海藻的過食而使病狀惡化。在歐美從報告中發現，沃素攝取過量也會造成巴塞多症等甲狀腺疾病的原因，凡事都應適可而止。

年老後荷爾蒙會失去均衡骨骼彎曲

老先生中風，單手因中風顫動不已，老太婆骨骼彎曲呈九十度的駝背狀，手拄著拐杖。約在四紀半左右之前，這是一般夫婦老後的形象，聽起來多麼可憐。

但是，目前已少見中風的老先生，而腰部極端彎曲的老太太銳減。這完全是豐富的生活所賜。

但是，骨骼雖不再彎曲，卻有多數老人苦訴足腰的疼痛。非但如此，一跌倒即骨折的老人有日增的趨勢。

其原因當然是鈣質不足，在營養過剩的現代，仍有許多人鈣質的攝取量不足。

年老後會覺得足腰疼痛是因骨骼脆弱所造成。尤其是腰部，它是支撐上體，肩負使軀體做前後左右彎曲的功能，因而在骨骼中最容易受到傷害。當這個骨骼脆弱，會透過骨內刺激通達大腦的知覺神經，而使人感到疼痛。

假設骨骼是銀行，銀行中有一個專門儲蓄鈣質的儲蓄者，也有從骨骼一再地提領鈣質的浪費者。儲蓄者的代表是成長荷爾蒙，浪費者則是副甲狀腺荷爾蒙。而另一個抑止浪費者功能的是，由甲狀腺所製造的降鈣素（Calcitonin）。

副甲狀腺是黏著於甲狀腺裡側的上下左右，共有四個小的內分泌腺，其重量總和只有〇・一公克。

微量的副甲狀腺所分泌的荷爾蒙具有三種極重要的機能。①對腸造成作用加速鈣質的吸收、②從骨骼攝取鈣質、③對腎臟造成作用促使鈣質的再吸收。

當人從食物攝取鈣質，血液中增加了鈣質時，儲蓄者會將其保存於銀行內。

相反地，血液中的鈣質含量不足時，副甲狀荷爾蒙會從銀行提領。這時，降鈣素會抑止其提領過多。唯有這三種荷爾蒙適切地保持均衡，血液中才能維持一定的鈣質量。

但是，年老之後副甲狀腺荷爾蒙和降鈣素的均衡會漸漸失調。副甲狀腺的分泌量上升，但降鈣素的分泌量卻減少。

因此，無法產生抑制作用，結果，鈣質一再從骨骼被抽取，使得骨骼變得疏鬆。這就是所謂的骨質疏鬆症。據說日本是老年人中罹患這種疾病最多的國家。而降鈣素最近也廣泛地運用在這個治療上。

喝牛奶充分地攝取維他命D和鈣質

尤其是女性，骨骼的老化速度快約三倍。這是因女性荷爾蒙分泌在停經後急速減少的緣故。性荷爾蒙也具有催降鈣素分泌功能，因而女性荷爾蒙減少加速減弱降鈣素的機能。老太婆之所以常見彎腰駝背或骨折症狀，也是這個緣故。

鈣質不足的人較常見骨骼的老化。譬如，即使降鈣素的分泌減弱，若能每日充分攝取鈣質而血液中含量也不缺乏，副甲狀腺荷爾蒙則不必使用骨骼內的鈣質。

同時，也必須攝取含有維他命D的食物。最近，有人認為維他命D也是荷爾蒙的一種，它能使副甲狀腺荷爾蒙功能復甦，幫助鈣質的吸收。

含有維他命D與鈣質的代表食物是牛奶。每天喝二、三杯相當於攝取鈣質約五百毫克，而且牛奶中維他命D有助於鈣質的吸收。

常見喜愛喝牛奶的長壽者，是因牛奶所含的特殊成份能預防支撐身體的骨架的老化，減低體內膽固醇質並預防高血壓。

男女的骨骼約在三十歲完成，此後即漸漸消耗。您的骨骼目前也正處於老化過程中，不妨趕緊補充鈣質的不足，尋求支撐身體骨架的回春法吧。

鹽份攝取過多會加速細胞的老化

與鈣質相反地，一般人攝取過多礦物質是鈉（鹽）。美國的上議員特別委員會曾經報告，美國人的食鹽攝取量最好一天維持在五公克的程度，但有多數人攝取量在兩倍以上，換言之，每日進食約十二公克的食鹽。

各位應明白，食鹽攝取過多會造成高血壓或腦中風，在此針對其理由做簡單的說明。

人的體液隨時保持相當於〇・九%鈉的浸透壓。嚴格地說，血液或細胞四周的液體（細胞外液）的浸透壓是由鈉來維持，而細胞內的細胞內液的浸透壓則由鈣所支配。

換言之，浸透壓處於正常狀態時是因鈉在細胞的外側，而細胞內只有微量的鈉。但是，食鹽攝取過量時體液的浸透壓會上升，結果鈉會侵入細胞內。

這時，細胞為了驅逐鈉的侵入必須藉助鈣的力量。藉由鈣質進入細胞內才能維持細胞內的浸透壓而驅逐鈉。

問題是鈣具有使肌肉收縮的功能，當血管周圍的肌肉產生收縮時，血管會緊縮而造成血壓上升。

而腎臟也盡速地排泄攝取多量的鈉，這時水份會和鈉一起排泄，結果使得體液量減少。

這種現象對身體不利，因此，腦下垂體後葉會分泌調整體內水份量的抗利尿荷爾蒙，再度吸收由腎臟所濾過的水份。

腦會分泌促成喝水行動的血管緊張素荷爾蒙（Angiotensin），使人感到口渴加以補充水份。

排泄多餘鹽份並補充水份，使體液的浸透壓回復正常，這時腦下垂體後葉所分泌的抗利尿荷爾蒙也具有提高血壓的作用。

以上是鹽份使血壓上升的體系，本來這只是暫時的減少，只要體液的浸透壓恢復正常，血壓也會恢復正常，所以，光是這個原因並無法斷言鹽份是造成高血壓的原因。

不過，亞馬遜流域的居民或愛斯基摩人等，其食鹽的攝取量一天只有一公克到三公克，這些人未曾有過高血壓患者。

相對地，一日攝取二十公克以上鹽份的區域，高血壓患者居多也是事實。可見其中有某種因果關係，但老實地說，其間的關係至今尚未解明。

何以會做如此繁複的鹽份攝取體系的說明，原因是希望各位認識，鹽份攝取過量在體內會發上的各種現象。

飲食中如果造成這類無謂的勞動，會使得分泌荷爾蒙的器官過勞，自然會加速細胞的老化，腎臟的機能也會減低。所以，食鹽攝取過量除了是高血壓的導火線外，也會加速老化。雖然無法嚴格要求一日只攝取五公克的食鹽，但儘量保持在八～十公克之間。這也是預防老化不可或缺的條件。

預防肌肉老化必須攝取更多的蛋白質

你是否也在沐浴後，看見鏡前自己的模樣而嘟噥著「肌肉漸漸鬆弛了」。如果這時能心生警惕而立志做點運動倒還可以拯救。只是多數人年紀大後往往認為肌肉鬆弛是理所當然，同時也漸漸習慣鏡前軟塌無力肌肉所呈現的醜態。最後，在此說明一下避免肌肉衰弱的對策。

我們所進食的肉類或大豆等蛋白質會被氨基酸分解，有利用荷爾蒙的機能，製造成人體所必要的蛋白質，儲存於肌肉。

將氨基酸變化為蛋白質而儲存的機能，稱為蛋白同化作用，促進同化作用的荷爾蒙中，最具代表的是成長荷爾蒙、甲狀腺荷爾蒙、副腎皮質荷爾蒙等，在這些荷爾蒙的同心協力下製造出我們的血、肉。

相反地，將儲存在肌肉內的蛋白質分解成氨基酸的作用，則稱為蛋白異化作用，副腎髓質所分泌的副腎髓質所分泌的副腎髓質荷爾蒙會促進這個作用。

人體中在一秒鐘內約有五千個細胞死亡，同時會新生出同樣數量細胞。藉由新舊交替來自動地預防各器官的老化，而做為細胞材料的是氨基酸，當血液中的氨基酸含量減少時，會因異化作用使得肌肉內的蛋白質被分解，增加血液中的氨基酸量。

由於這個作用，人體內所有的細胞可以隨時從血液供應必要量的氨基酸。

二十歲前半以前只要充分地攝食蛋白質，異化作用比同化作用處於更優勢地位，因而出生時不到四公斤的嬰兒，可以慢慢長大為五十公斤或六十公斤。

但經過成長期後，同化作用會漸漸遲鈍，到了老年期立場一轉，異化作用會比同化作用處於較優勢地位。結果肌肉變得瘦細，運動神經遲鈍且肌肉鬆弛。

簡單地說，年輕時由於同化作用旺盛，所吃蛋白質會全數變成血、肉，但隨著年紀的增長使多餘的蛋白質變化為血、肉的機能漸漸衰弱，因而即使攝取蛋白質也會增加多餘的量。因此，甚至有專家指出，年老之後必須攝取比年輕人更多的蛋白質。

同化作用之所以衰弱，主要是因副腎皮質所分泌的脫氫異雄甾酮（dehydroisoandrosterone）男性荷爾蒙的分泌減弱。多數的荷爾蒙在四十歲層、六十歲層之前並不會極端地減少，但這種荷爾蒙和唾液腺荷爾蒙同樣地，過了二十歲層之後會漸漸減少分泌量。

同化作用極強的脫氫異雄甾酮分泌減弱，但同樣由副腎皮質分泌的，具有強力異化作用的副腎皮質荷爾蒙幾乎不會減弱。由副腎所分泌的這兩種荷爾蒙失調，竟然是加速肌肉老化的原因。

因應的對策，除了確實攝取蛋白質之外別無他法。同時要注意，並非大量進食，而是在每天三餐食用。

⑷ 不老長壽並非夢想

實現人類自古以來夢想時代已經來了

服用造成嘔氣的藥物而冒冷汗並有作嘔現象會長生不老。現今該不會有人相信這種方法，但在古埃及任何人都深信不疑，甚至付諸實行。由此可見，遠自古老時代，不老長壽已是人類企盼已久，永不捨棄的夢想。

古代秦始皇也曾經為了探尋不老長壽的秘藥，派臣徐福下南洋、日本各地尋長生不老藥。秦始皇一聲令下即可燒毀聖典、建造萬里長城，況且後宮又有三千美女侍候，位居萬人之上的榮耀與權貴，以及享受不盡的榮華富貴，自然渴望長生不老永在人間。

近世紀希特勒、史達林等也曾追求返老回春之藥。但長生不老藥，不論是多麼權貴、優勢的人也無法獲得。

不過，從醫學者立場而言，只有一個例外。那是至今仍有許多信奉不移，做為返老回春法的暖老法。

舊約聖經記載著，為了讓伊朗的大衛王返老回春，讓貌美的少女阿比夏格伴其入睡；據說日本的德川家康也喜愛並實行身邊有處女相伴，以暖和身體入睡的暖老法。

有些醫師甚至斬釘截鐵的說：處女的呼氣中含有新鮮的生命活力，從希臘、羅馬時代到最近，男士們為了其個人的興趣與實益也紛紛採納這個方法。

乍聽下，似乎令人難以置信，但暖老法並非毫無根據。其根據是因感受於年輕軀體的精神上的刺激，使得腦下垂體的機能變得活潑。

結果會促使甲狀腺荷爾蒙、副腎皮質荷爾蒙、女性荷爾蒙、成長荷爾蒙、催乳激素等由腦下垂體支配的荷爾蒙分泌變得順暢，因而可期待返老回春的效果。

舊約聖書上所記載的返老回春法，事實上是利用荷爾蒙均衡的維持，以達到預防老化的方法。當然，當時的人根本不知道所謂的荷爾蒙。但生活在現代的我們，不僅知道荷爾蒙的機能也懂得如何維持其均衡。

數千年前，人類持續追求的不老長生藥，事實上就在自己的體內。秦始皇若聽聞此事必驚跳不已。雖然荷爾蒙之迷尚未完全解開，但我們卻已漸漸地掌握人類自古以來夢想——不老長壽之藥。

各位也不要落於人後，趕緊搭載荷爾蒙快車號，老當益壯，在第一前線活躍舞台。

「返老回春荷爾蒙」腮腺激素驚奇的效果

只藉由注射即能使皮膚呈現張力，血管恢復彈力，彎曲的骨骼也恢復。性機能衰弱者注射腮腺激素（parotin）甚至可以恢復生殖能力。相信各位聽聞此言，必渴望擁有如此魔力的藥。

其實，不必刻意尋求，許多研究報告陸續的發表：我們的唾液腺所分泌的腮腺激素，具有達成人們返老回春夢想的效果。

至今雖然有許多學者對於如此戲劇性的效果感到懷疑，然而即使效果不如宣傳，卻對身體不會造成任何弊害，因此，以下針對所謂的「返老回春荷爾蒙」的腮腺激素說明一二。

譬如，從報告中得知，停經後的女性若注射這種荷爾蒙，會有生理再次出現或性慾增強的情形。也有學者在十三歲的雄犬與十四歲母犬身上連續兩年注射腮腺激素，然後觀察其間所造成的變化。

喜愛動物者都明白，狗齡在十歲以上的，不僅動作遲緩，體毛也變得參差不齊，眼睛不停冒眼屎等，一副老態龍鍾的模樣。

但是，從實驗發現，對年老狗持續注射腮腺激素時，不僅體毛變得油亮，動作也顯得機伶活潑，連吠聲也雄糾糾氣昂昂，非僅如此，這兩隻年老的雄、雌犬交配後，還生下健康的小狗。

其實所有的荷爾蒙幾乎和老化、返老回春有密切的關係，從這個實驗結果，甚至有專家將腮腺激素特稱為「返老回春荷爾蒙」。

至今尚無法斷定或否認腮腺激素是否具有返老回春的效果。但是，腦中只要像梅子，唾液腺即能分泌荷爾蒙，既然隨時隨地輕易可得，信其功能而實踐又有何妨。至少有助於預防唾液腺本身的老化，抱持這個觀點來實行吧。

甲狀腺機能低下症是心臟病、動脈硬化的原因

甲狀腺荷爾蒙也和老化有密切關係。分泌量減低後皮膚會變得粗糙乾裂、毛髮脫落、不僅心臟，全身血液中的膽固醇會滯留且加速動脈硬化。從診斷中也發

現，血液中GOT、GPT、LDH等會上升，而對肝臟造成不良影響。

同時，還有關節痛等症狀出現，因而常被誤診為風濕。諸如上述，全身出現老化現象，恐怕也是罹患成人病的原因。若置之不理或未曾察覺甲狀腺機能低下症，可能會陷入昏睡狀態或因心律不整、腦中風等猝死。

這時的死因變成是心律不整或腦中風，其罪魁禍首的甲狀腺機能低下症，卻隱在暗處逃過人們的批判。

女性常見甲狀腺機能低下症的患者，雖然二、三百人中只有一名，卻反應出患者居多的傾向。不論男女，年紀大後一百人中有一～二人罹患甲狀腺機能低下症，結果加速老化或癡呆症。

除了上述的症狀外，如果各位自覺以下的症狀，最好接受檢查。

皮膚變冷而乾燥、不排汗。舌變粗大，聲音沙啞，體溫降低，聽力減弱，身體浮腫或常便秘，指甲脆弱，體毛，尤其是頭髮脫落，膝蓋等關節疼痛，容易疲倦，心浮氣躁、悶悶不樂或反之感到幸福無比。

最近檢查非常進步，只要抽血檢驗，即可輕易地測定超微量的荷爾蒙。若有異常而投服荷爾蒙劑有顯著地恢復，是前述的症例。

荷爾蒙缺乏所造成的疾病，只要投服荷爾蒙劑，即可輕易地恢復，讓當事者驚訝不已。只不過，如果未曾察覺而置之不理，甚至會併發成人病。譬如，甲狀腺荷爾蒙、卵胞荷爾蒙會對血管壁造成作用，具有預防動脈硬化的作用。

如果缺乏這兩種荷爾蒙很容易變成動脈硬化，事實上，這種疾病的患者中據推測有為數甚多因荷爾蒙異常而發病的人。利用荷爾蒙療法可輕易治療，沒有比因無知而斷送生命更愚蠢的事。

為了預防這類疏失，一有機會應接受荷爾蒙檢查。四十歲過後，定期檢查荷爾蒙也是預防老化或成人病的對策之一。

彩色圖解太極武術

1 太極功夫扇

定價220元

2 武當太極劍

定價220元

3 楊式太極劍

定價220元

4 楊式太極刀

定價220元

5 二十四式太極拳+VCD

定價350元

6 三十二式太極劍+VCD

定價350元

7 四十二式太極劍+VCD

定價350元

8 四十二式太極拳+VCD

定價350元

9 楊式十六式太極拳 十八式太極劍

定價350元

10 楊氏二十八式太極拳+VCD

定價350元

11 楊式太極拳四十式+VCD

定價350元

12 陳式太極拳五十六式+VCD

定價350元

13 吳式太極拳五十六式+VCD

定價350元

14 精簡陳式太極拳八式十六式

定價220元

15 精簡吳式太極拳三十六式 拳架・推手

定價220元

16 夕陽美功夫扇

定價220元

17 綜合四十八式太極拳+VCD

定價350元

18 三十二式太極拳 四段

定價220元

19 楊式三十七式太極拳+VCD

定價350元

20 楊氏五十一式太極劍+VCD

定價350元

21 嫡傳楊家太極拳精練二十八式

定價220元

22 嫡傳楊家太極劍五十一式

定價220元

快樂健美站

1 柔力健身球

定價280元

2 自行車健康享瘦

定價280元

3 跑步鍛鍊走路減肥

定價280元

4 創造健康的肌力訓練

定價220元

5 舒適超級伸展體操

定價280元

6 水中有氧運動

定價280元

7 雕塑完美身材

定價280元

8 創造超級兒童

定價280元

9 使頭腦變聰明

定價280元

10 防止老化的身體改造訓練

定價280元

11 三個月塑身計畫

定價280元

12 懶人族瑜伽

定價280元

13 忙裡偷閑練瑜伽基礎篇

定價240元

14 忙裡偷閑練瑜伽袪病養生篇

定價240元

15 健身跑激發身體的潛能

定價200元

16 中華鐵球健身操

定價180元

17 彼拉提斯健身寶典

定價280元

18 全身保健操＋VCD

定價280元

19 瑜伽美姿美容

定價180元

20 豐胸做自信女人

定價200元

21 輕鬆瑜伽治百病

定價280元

22 瑜伽秀體小品
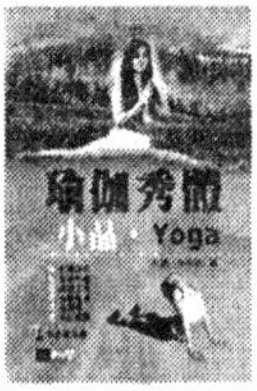
定價280元

23 熱舞瘦身小品

定價280元

24 整形打造美麗

定價250元

25 排毒頻譜33式熱瑜伽＋VCD

定價350元

國家圖書館出版品預行編目資料

荷爾蒙與健康／劉淑玉編著
－初版－臺北市，大展，民 96
面；21 公分－（健康加油站；23）
ISBN 978-957-468-556-1（平裝）
1. 激素　2. 健康法

399.54　　　　96012774

荷爾蒙與健康

ISBN 978-957-468-556-1

編 著 者／劉　淑　玉
發 行 人／蔡　森　明
出 版 者／大展出版社有限公司
社　　址／台北市北投區（石牌）致遠一路 2 段 12 巷 1 號
電　　話／(02) 28236031・28236033・28233123
傳　　真／(02) 28272069
郵政劃撥／01669551
網　　址／www.dah-jaan.com.tw
E-mail／service@dah-jaan.com.tw
登 記 證／局版臺業字第 2171 號
承 印 者／國順文具印刷行
裝　　訂／建鑫裝訂有限公司
排 版 者／千兵企業有限公司
初版 1 刷／2007 年（民 96 年） 9 月
初版 2 刷／2010年（民99年） 1 月
定　價／180 元

大展好書　好書大展
品嘗好書　冠群可期

大展好書　好書大展
品嘗好書　冠群可期